岗位安全操作守则图解丛书

电工安全必知30条

中国劳动社会保障出版社

图书在版编目(CIP)数据

电工安全必知30条/《岗位安全操作守则图解丛书》编委会编. —北京：中国劳动社会保障出版社，2014

(岗位安全操作守则图解丛书)

ISBN 978-7-5167-1029-6

Ⅰ.①电… Ⅱ.①岗… Ⅲ.①电工-安全技术-图解 Ⅳ.①TM08-64

中国版本图书馆CIP数据核字(2014)第279899号

中国劳动社会保障出版社出版发行

(北京市惠新东街1号　邮政编码：100029)

*

北京市艺辉印刷有限公司印刷装订　新华书店经销

850毫米×1168毫米　32开本　6.375印张　134千字

2015年1月第1版　2015年1月第1次印刷

定价：18.00元

读者服务部电话：(010) 64929211/64921644/84643933

发行部电话：(010) 64961894

出版社网址：http://www.class.com.cn

丛书编委会

前言
Preface

当前我国安全生产总体形势有所好转，但是距离发达国家仍然有较大差距，每年发生的伤亡事故仍然较多，特大、重大安全生产事故起数仍居高不下，给国家、企业和职工的生命财产造成较大的损失。近年来，大量的农民工涌入城市，进入工业企业，走上危险性相对较高的岗位工作，却得不到基本的安全生产教育培训，更使得在中小企业中安全生产事故有高发的趋势。

根据我国多年的生产伤亡事故统计分析，在生产中的大量安全生产事故是可以避免的，而这些可以避免的事故中多数是由于人为操作错误造成的。因此，要彻底实现安全生产形势好转，加强职工安全生产基础知识与技能的教育培训是根本。

为此，本丛书编委会特组织业内专家编写了“岗位安全操作守则图解丛书”，希望能向广大从业人员提供一系列实用规范的、内容精练的、浅显易懂的、适合教学的安全生产教育培训图书，使他们通过学习，提高安全生产基本素质，掌握正确操作技术和方法，规范操作行为，养成良好的安全操作习惯，杜绝违章作业，避免和减少生产事故的发生。

本丛书第一批编写 12 种，包括《新工人安全必知 30 条》《焊工安全必知 30 条》《电工安全必知 30 条》《消防安全必知 30 条》《高处作业安全必知 30 条》《起重作业安全必知 30 条》《机加工安全必知 30 条》《车辆驾驶安全必知 30 条》《木工机械安全必知 30 条》《涂装作业安全必知 30 条》《个人防护安全必知 30 条》《应急救护必知 30 条》。从书具有如下特点：

一、实用规范。丛书针对易发事故的工作岗位，结合事故发生的常见原因，精心总结从事本岗位工作必须掌握的 30 条基本安全操作守则，讲解相关知识与技能。从业人员只要严格遵守这些规定，在工作中不犯类似的错误，就可以有效避免大多数事故伤害的发生。

二、内容精练。丛书对每一个知识点都进行了认真的提炼，去掉冗长的理论讲解，重点突出岗位安全实操技能与方法，便于从业人员将学习培训与一线工作紧密对照，排查实际工作存在的习惯性违章隐患，有针对性地采取防范措施。

三、图文并茂。丛书针对每条安全操作要点都插配了图画，版面表现形式直观、活泼，以增强读者的阅读兴趣，加深知识理解，做到寓教于乐。

本丛书在编写过程中，参阅并部分引用了相关资料与著作，在此对有关著作者和专家表示感谢。由于种种原因可能在书中还存有不当之处或错误，请广大读者不吝赐教，以便及时纠正。

目 录

Contents

第一条 特种作业需持有特种作业操作证

知识培训

1. 特种作业和特种作业人员

特种作业，是指容易发生事故，对操作者本人、他人的安全健康及设备、设施的安全可能造成重大危害的作业。特种作业的范围由特种作业目录规定。

特种作业人员，是指直接从事特种作业的从业人员。

特种作业人员必须经专门的安全技术培训并考核合格，取得《中华人民共和国特种作业操作证》后，方可上岗作业。

2. 特种作业人员的条件

特种作业人员应当符合下列条件：

(1) 年满18周岁，且不超过国家法定退休年龄。

(2) 经社区或者县级以上医疗机构体检健康合格，并无妨碍从事相应特种作业的器质性心脏病、癫痫病、美尼尔氏症、眩晕症、癔病、震颤麻痹症、精神病、痴呆症以及其他疾病和生理缺陷。

(3) 具有初中及以上文化程度。

(4) 具备必要的安全技术知识与技能。

(5) 相应特种作业规定的其他条件。

3. 特种作业人员培训

(1) 特种作业人员应当接受与其所从事的特种作业相应的安全技术理论培训和实际操作培训。

已经取得职业高中、技工学校及中专以上学历的毕业生从事与其所学专业相应的特种作业，持学历证明经考核发证机关同意，可以免予相关专业的培训。

跨省、自治区、直辖市从业的特种作业人员，可以在户籍所在地或者从业所在地参加培训。

（2）从事特种作业人员安全技术培训的机构开展特种作业人员的安全技术培训，应当制订相应的培训计划、教学安排，并报有关考核发证机关审查、备案。

（3）培训机构应当按照安全监管总局、煤矿安监局制定的特种作业人员培训大纲和煤矿特种作业人员培训大纲进行特种作业人员的安全技术培训。

4. 特种作业人员考核取证

（1）特种作业人员的考核包括考试和审核两部分。考试由考核发证机关或其委托的单位负责；审核由考核发证机关负责。

安全监管总局、煤矿安监局分别制定特种作业人员、煤矿特种作业人员的考核标准，并建立相应的考试题库。

考核发证机关或其委托的单位应当按照安全监管总局、煤矿安监局统一制定的考核标准进行考核。

（2）参加特种作业操作资格考试的人员，应当填写考试申请表，由申请人或者申请人的用人单位持学历证明或者培训机构出具的培训证明向申请人户籍所在地或者从业所在地的考核发证机关或其委托的单位提出申请。

考核发证机关或其委托的单位收到申请后，应当在60日内组织考试。

特种作业操作资格考试包括安全技术理论考试和实际操作考试两部分。考试不及格的，允许补考1次。经补考仍不及格的，重新参加相应的安全技术培训。

（3）符合条件并经考试合格的特种作业人员，应当向其户籍所在地或者从业所在地的考核发证机关申请办理特种作业操作证，并提交身份证复印件、学历证书复印件、体检证明、考试合格证明等材料。

（4）特种作业操作证有效期为6年，在全国范围内有效。

特种作业操作证由安全监管总局统一式样、标准及编号。

（5）特种作业操作证遗失的，应当向原考核发证机关提出书面申请，经原考核发证机关审查同意后，予以补发。

特种作业操作证所记载的信息发生变化或者损毁的，应当向原考核发证机关提出书面申请，经原考核发证机关审查确认后，予以更换或者更新。

5. 特种作业操作证复审

特种作业操作证每3年复审1次。

特种作业人员在特种作业操作证有效期内，连续从事本工种10年以上，严格遵守有关安全生产法律法规的，经原考核发证机关或者从业所在地考核发证机关同意，特种作业操作证的复审时间可以延长至每6年1次。

特种作业操作证需要复审的，应当在期满前60日内，由申请人或者申请人的用人单位向原考核发证机关或者从业所在地考核发证机关提出申请，并提交下列材料：

（1）社区或者县级以上医疗机构出具的健康证明。

（2）从事特种作业的情况。

（3）安全培训考试合格记录。

特种作业操作证有效期届满需要延期换证的，应当按照规定申请延期复审。

特种作业操作证申请复审或者延期复审前，特种作业人员应当参加必要的安全培训和考试，并且考试合格。安全培训时间不少于8个学时，主要培训法律、法规、标准、事故案例和有关新工艺、新技术、新装备等知识。

法律法规

2010年4月26日，《特种作业人员安全技术培训考核管理规定》经国家安全生产监督管理总局局长办公会议审议通过，2010年5月24日公布，自2010年7月1日起施行。1999年7月12日原国家经济贸易委员会发布的《特种作业人员安全技术培训考核管理办法》同时废止。

学习心得

第二条 电工作业人员的安全职责

知识培训

1. 电工作业

电工作业指对电气设备进行运行、维护、安装、检修、改造、施工、调试等作业，包括低压电工作业、高压电工作业及防爆电气作业。

2. 电工作业人员

电工作业人员指直接从事电工作业的专业人员。电工作业人员必须年满 18 周岁，必须具备初中及以上文化程度，不得有妨碍从事电工作业的病症和生理缺陷。从技术上考虑，电工作业人员必须具备必要的电气专业知识和电气安全技术知识；按其职务和工作性质，应熟悉有关安全规程；应学会必要的操作技能和触电急救方法；应具备事故预防和应急处理能力。

电工作业人员必须经过安全技术培训，取得电工作业操作资格证书后方可上岗作业。新参加电气工作的人员、实习人员和临时参加劳动的人员，必须经过安全知识教育后，方可参加指定的工作，但不得单独工作。对外单位派来支援的电气工作人员，工作前应向其介绍现场电气设备接线情况和有关安全措施。

3. 电工作业人员的安全职责

电工是特殊工种，又是危险工种。首先，其作业过程和工作质量不但关系着其自身的安全，而且关系着他人和周围设施的安全；其次，专业电工工作点分散、工作性质不专一，不便于跟班检查和追踪检查。因此，专业电工必须掌握必要的电气安全技能，必须具备良好的电气安全意识。

专业电工应当不断提高安全意识和安全操作能力，充分理解“安全第一、预防为主”的基本原则，加强“以人为本”的理念，自觉履行安全生产方面的义务。

专业电工应努力克服“重生产、轻安全”的错误思想，克服侥幸心理；在作业前和作业过程中，应考虑事故发生的可能性；应遵守各项安全操作规程，不得违章作业；不得蛮干，不得在不熟悉的和自己不能控制的设备或线路上擅自作业；应认真作业，保证工作质量。

就岗位安全职责而言，专业电工应做到以下几点：

（1）严格执行各项安全标准、法规、制度和规程。包括各种电气标准、电气安装规范和验收规范、电气运行管理规程、电气安全操作规程及其他有关规定。

（2）遵守劳动纪律，忠于职守，做好本职工作，认真执行电工岗位安全责任制。

（3）正确佩戴和使用各种工具和劳动保护用品，安全地完成各项生产任务。

（4）努力学习安全规程、电气专业技术和电气安全技术，不断提高安全生产技能；参加各项有关的安全活动，宣传电气安全；参加安全检查，并提出意见和建议等。

（5）专业电工应树立良好的职业道德。除前面提到的忠于职守、遵守纪律、努力学习外，还应注意互相配合，共同完成生产任务。应特别注意杜绝以电谋私、制造电气故障等违法行为。

（6）培训和考核是提高专业电工安全技术水平，使之获得独立操作能力的基本途径。通过培训和考核，最大限度地提高专业电工的技术水平和安全意识。

操作标准

1. 电工作业分类

根据《特种作业人员安全技术培训考核管理规定》（国家安全生产监督管理总局令第30号），电工作业分为三个工种：高压电工作业、低压电工作业和防爆电气作业。

（1）高压电工作业

对1千伏（kV）及以上的高压电气设备进行运行、维护、安装、检修、改造、施工、调试、试验及对绝缘工器具进行试验的作业。

（2）低压电工作业

对1千伏（kV）以下的低压电气设备进行安装、调试、运行操作、维护、检修、改造、施工和试验的作业。

（3）防爆电气作业

对各种防爆电气设备进行安装、检修、维护的作业。适用于除煤矿以外的防爆电气作业。

2. 基本条件

（1）高压电工作业

1）年满18周岁，且不超过国家法定退休年龄。

2）经社区或者县级以上医疗机构体检健康合格，并无妨碍从事高压电工特种作业的器质性心脏病、癫痫病、美尼尔氏症、眩晕症、癔病、震颤麻痹症、精神病、痴呆症以及其他疾病和生理缺陷。

3）具有初中及以上文化程度。

（2）低压电工作业

1）年满18周岁，且不超过国家法定退休年龄。

2）经社区或者县级以上医疗机构体检健康合格，并无妨碍从事低压电工作业的器质性心脏病、癫痫病、美尼尔氏症、眩晕症、癔病、震颤麻痹症、精神病、痴呆症、色盲、色弱以及其他对从事电工作业有妨碍或有安全隐患的疾病和生理缺陷。

3）具有初中及以上文化程度。

（3）防爆电气作业

1）年满18周岁，且不超过国家法定退休年龄。

2）经社区或者县级以上医疗机构体检健康合格，并无妨碍从事防爆电气作业的器质性心脏病、癫痫病、美尼尔氏症、眩晕症、癔病、震颤麻痹症、精神病、痴呆症以及其他疾病和生理缺陷。

3）初中及以上文化程度。

4）取得低压电工或高压电工作业特种作业操作证。

学习心得

第三条 不同电流对人体的危害

知识培训

1. 电流对人体作用的生理反应

电流对人体的作用事先没有任何预兆，伤害往往发生在瞬息之间，而且，人体一旦遭到电击后，防卫能力迅速降低。

小电流对人体的作用主要表现为生物学效应，给人以不同程度的刺激，使人体组织发生变异。电流通过肌肉组织时引起肌肉收缩。电流对人体除直接起作用外，还可能通过中枢神经系统起作用。因此，当人体触及带电体时，一些没有电流通过的部位也会发生强烈反应，甚至重要器官的正常工作会受到影响。

电流通过人体，会引起麻感、针刺感、打击感、痉挛、疼痛、呼吸困难、血压异常、昏迷、心律不齐、窒息、心室纤维性颤动等症状。对于单手—双脚的电流途径，人体工频电流试验资料见表3—1。

表3—1　　单手—双脚电流途径的实验资料　　(mA)

感觉情况	被试者百分数		
	5%	50%	95%
手表面有感觉	0.9	2.2	3.5
手表面有麻痹似的针刺感	1.8	3.4	5.0
手关节有轻度压迫感，有强烈的连续针刺感	2.9	4.8	6.7
前肢有受压迫感	4.0	6.0	8.0
前肢有受压迫感，足掌开始有连续针刺感	5.3	7.6	10.0
手关节有轻度痉挛，手动作困难	5.5	8.5	11.5
上肢有连续针刺感，腕部特别是手关节有重度痉挛	6.5	9.5	12.5

续表

感觉情况	被试者百分数		
	5%	50%	95%
肩部以下有强烈连续针刺感，肘部以下僵直，还可以摆脱带电体	7.5	11.0	14.5
手指关节、踝骨、足跟有压迫感，拇指全部痉挛	8.8	12.3	15.8
只有尽最大努力才可能摆脱带电体	10.0	14.0	18.0

数十至数百毫安的小电流通过人体短时间使人致命的最危险的原因是引起心室纤维性颤动。麻痹和中止呼吸、电休克虽然也可能导致死亡，但其危险性比引起心室纤维性颤动要小得多。发生心室纤维性颤动时，心脏每分钟颤动 1 000 次以上，但幅值很小，而且没有规律，血液实际上中止循环，如不及时抢救，数秒钟至数分钟将由诊断性死亡转为生物性死亡。

2. 电流大小对人体的影响

通过人体的电流越大，人体的生理反应越明显、感觉越强烈，引起心室纤维性颤动所需要的时间越短，致命的危险性越大。按照人体所呈现的不同状态，将通过人体的电流划分为三个界限。

（1）感知电流

感知电流是在一定概率下，通过人体引起人有任何感觉的最小电流。人对电流最初的感觉是轻微麻感和微弱针刺感。感知电流与个体生理特征、人体与电极的接触面积等因素有关。感知概率50%的平均感知电流：成年男子约为 1.1 mA，成年女子约为 0.7 mA。最小感知电流约为 0.5 mA，且与时间无关。

感知电流一般不会对人体构成伤害，但当电流增大时，感觉增强，反应加剧，可能导致坠落等二次事故。

（2）摆脱电流

通过人体的电流超过感知电流时，肌肉收缩增加，刺痛感觉增强，感觉部位扩展。电流增大到一定程度时，由于中枢神经反射，触电人将因肌肉强烈收缩、发生痉挛而紧抓带电体，不能自行摆脱带电体。在一定概率下，人触电后能自行摆脱带电体的最大电流称为该概率下的摆脱电流。摆脱电流与个体生理特征、电极形状、电极尺寸等因素有关。

摆脱电流是人体可以忍受但一般尚不致造成不良后果的电流。电流超过摆脱电流以后，人会感到异常痛苦、恐慌和难以忍受；如时间过长，则可能昏迷、窒息，甚至死亡。摆脱带电体的能力是随着触电时间的延长而减弱的。因此，一旦不能摆脱带电体，后果是严重的。

（3）室颤电流

通过人体引起心室发生纤维性颤动的最小电流称为室颤电流。电流致命的原因是比较复杂的。例如，高压触电事故中，可能因为强电弧或很大的电流导致的烧伤使人致命；低压触电事故中，可能因为心室纤维性颤动，也可能因为窒息时间过长使人致命。在电流不超过数百毫安的情况下，电击致命的主要原因是引起心室纤维性颤动，所以室颤电流又称致命电流。室颤电流除取决于电流持续时间、电流途径、电流种类等电气参数外，还取决于机体组织、心脏功能等个体生理特征。

3. 电流持续时间对人体的影响

（1）电流持续时间越长，积累局部电能越多，引起心室纤维性颤动的电流就越小。

（2）心脏搏动周期中，只有相应于心脏收缩与舒张之间

0. 1～0. 2 s的T波对电流最敏感。心脏搏动的这一特定时间间隔即为心脏易损期。电击持续时间延长，必然重合心脏易损期，电击危险性增大；当电流持续时间在0. 1 s以下时，重合易损期的可能性较小，电击的危险性也较小。

（3）电流持续时间延长，人体电阻由于出汗、击穿、电解而下降，如接触电压不变，将导致通过人体的电流进一步增加，电击危险性增大。

（4）电流持续时间越长，中枢神经反射越强烈，电击危险性越大。

学习心得

第四条 接触电压和跨步电压

知识培训

1. 对地电压

如图 4—1 所示，当接地的设备漏电时，接地电流 I_E 流入地下后自接地体向四周流散。自接地体向四周流散的电流叫作流散电流。流散电流在土壤中遇到的全部电阻叫作流散电阻。接地电阻是接地体的流散电阻、接地线的电阻以及接地体与土壤界面的接触电阻之和。接地线的电阻和接地体与土壤界面的接触电阻一般可以忽略不计。

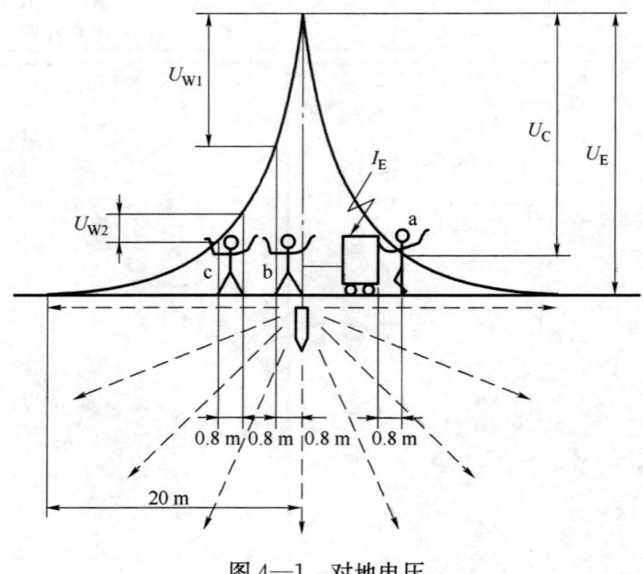

图 4—1　对地电压

电流自接地体向大地流散时沿地面产生电压降。对于简单接地体，20 m 以外的土壤电阻可以忽略不计。因此，可以认为离接地体 20 m 以外，流散电流不再产生电压降，即电压几乎降低为零。工程上所说的“地”就是这里的地。对地电压就是带电体与电位为零的大地之间的电压。图4—1中，U_E 就是漏电设备的对地电压。

2. 接触电压

接触电压是指人体某点触及带电体时，加于人体该点与人体接地点之间的电压。图4—1中，U_C 就是a人的接触电压。人的接触距离按0.8 m考虑，人离接地点越远，可能承受的接触电压越大。

3. 跨步电压

跨步电压是指人进入地面带电的区域内时，加在人的两脚之间的电压。图4—1中，U_{W1} 和 U_{W2} 分别是b人和c人的跨步电压。人的跨距按0.8 m考虑。图中，b人紧靠接地体位置，承受的跨步电压最大；c人离开了接地体，承受的跨步电压要小一些。由于跨步电压还与两脚的方位有关，人离接地点越近，只是承受的跨步电压可能越大，而不是承受的跨步电压一定越大。

在高压系统中的接地短路电流可能很大。接地短路电流500 A及以下的称小接地短路电流系统，接地短路电流大于500 A的称大接地短路电流系统。

4. 触电事故的规律

触电事故往往发生得很突然，而且在极短的时间内造成极为严重的后果。但触电事故的发生是有一定规律的。根据对触电事故的分析，从触电事故的发生率上看，可找到以下规律：

（1）错误操作和违章作业造成的触电事故多。其主要原因是安全教育不够、安全制度不严和安全措施不完善，一些人缺乏足够的安全意识。例如，非专业电工擅自处理电气工作造成过多起触电事故。

(2) 中青年工人、非专业电工、合同工和临时工触电事故多。其主要原因是这些人是主要操作者，经常接触电气设备；而且这些人经验不足，比较缺乏用电安全知识，其中有的人责任心还不够强，以致触电事故多。

(3) 低压设备触电事故多。其主要原因是低压设备远远多于高压设备，与之接触的人比与高压设备接触的人多，而且多数是比较缺乏电气安全知识的非电专业人员。应当注意，近几年来高压触电事故有增加的趋势；在专业电工中，高压触电事故比低压触电事故多。

(4) 移动式设备和临时性设备触电事故多。其主要原因是这些设备是在人的紧握之下运行，不但接触电阻小，而且一旦触电就难以摆脱带电体；同时，这些设备需要经常移动，工作条件差，设备和电源线都容易发生故障或损坏；此外，其中一些单相设备的PE线与N线容易接错，造成触电事故。

(5) 电气连接部位触电事故多。很多触电事故发生在接线端子、缠接接头、压接接头、焊接接头、电缆头、灯座、插头、插座等电气连接部位。主要是由于这些连接部位机械牢固性较差、接触电阻较大、绝缘强度较低，容易出现故障。

(6) 6—9月触电事故多。统计资料表明，每年二、三季度事故多，特别是6—9月，事故最为集中。主要原因是这段时间天气炎热、人体衣单而多汗，触电危险性较大；而且这段时间多雨、潮湿，地面导电性增强、电气设备的绝缘电阻降低，容易构成电流回路；此外，这段时间在大部分农村是农忙季节，农村用电量增加，触电事故增多。

(7) 潮湿、高温、混乱、移动式设备多、金属设备多的环境中事故多。例如，冶金、矿业、建筑、机械等行业容易存在这些不安全因素，因而触电事故较多。

(8) 农村触电事故多。部分省市统计资料表明，农村触电事故约为城市的3倍。主要原因是农村设备条件较差，作业人员技术水平较低、安全知识不足。

应当注意，很多触电事故都不是单一原因，而是由两个以上的原因造成的。

触电事故的规律不是一成不变的，在一定的条件下，触电事故的规律也会发生一定的变化。例如，低压触电事故多于高压触电事故在一般情况下是成立的，但对于专业电气工作人员来说，情况往往是相反的，即高压触电事故多于低压触电事故。又如，在低压系统推广了漏电保护装置以后，低压触电事故明显减少，以致低压触电事故与高压触电事故的比例发生了一些变化。

学习心得

第五条 电气安全事故及其分类

知识培训

1. 电气安全事故

电气安全事故（以下简称电气事故）是指与电相关联的事故。电气事故包括人身事故和设备事故。人身事故和设备事故都可能导致二次事故，而且二者很可能是同时发生的。

2. 电气事故的种类

从能量的角度看，电能失去控制将造成电气事故。按照电能的形态，电气事故可分为触电事故、雷击事故、静电事故、电磁辐射事故和电路事故。

（1）触电事故

触电事故是由电流形式的能量造成的事故。触电事故分为电击和电伤。电击是电流直接通过人体造成的伤害；电伤是电流转换成热能、机械能等其他形式的能量作用于人体造成的伤害。在触电伤亡事故中，尽管85%以上的死亡事故是电击造成的，但其中大约70%含有电伤的因素。

（2）雷击事故

雷击事故是由自然界中正、负电荷形式的能量造成的事故。雷击有引起爆炸和火灾、造成触电、毁坏设备和设施以及造成事故停电的危险。

（3）静电事故

静电事故是工艺过程中或人们活动中产生的，相对静止的正电荷和负电荷形式的能量造成的事故。静电事故的主要危险是引起爆炸和火灾，此外还会造成电击，妨碍生产。

为防止静电事故的发生，应采取屏蔽，吸收等专门的预防措施。

（4）电磁辐射事故

电磁辐射事故是电磁波形式的能量造成的事故。辐射电磁波指频率 100 kHz 以上的电磁波。

在一定强度的高频电磁波照射下，人体所受到的伤害主要表现为头晕、记忆力减退、睡眠不好等神经衰弱症状。严重者除神经衰弱症状加重外，还伴有心血管系统症状。电磁波对人体的伤害有滞后性，并可能通过遗传因子影响到后代。除对人体有伤害外，高频电磁波还会造成高频感应放电和电磁干扰。

除无线电设备外，高频金属加热设备（如高频淬火设备、高频焊接设备），高频介质加热设备（如高频热合机、绝缘材料干燥设备）也是有辐射危险的设备。

（5）电路事故

电路事故是由电能传递、分配、转换失去控制或电气元件损坏等电路故障发展而形成的事故。断线、短路、接地、漏电、突然停电、误合闸送电、电气设备损坏等都属于电路故障。电路故障得不到控制即可发展成为电路事故。

3. 触电事故分类

（1）电击

按照发生电击时电气设备的状态，电击分为直接接触电击和间接接触电击。直接接触电击是触及正常状态下带电的带电体（如误触接线端子）发生的电击，也称为正常状态下的电击；间接接触电击是触及正常状态下不带电，而在故障状态下意外带电的带电体（如触及漏电设备的外壳）发生的电击，也称为故障状态下的电击。绝缘、屏护、间距等属于防止直接接触电击的安全措施。接地、接零等属于防止间接接触电击的安全措施。

按照人体触及带电体的方式和电流流过人体的途径，电击可分为单线电击、两线电击和跨步电压电击。单线电击是人体站在导电性地面或接地导体上，人体某一部位触及一相导体，由接触电压造成的电击。单线电击是发生最多的触电事故，其危险程度与带电体电压、人体电阻、鞋袜条件、地面状态等因素有关；两线电击是不接地状态的人体某两个部位同时触及两相导体，由接触电压造成的电击，其危险程度主要决定于接触电压和人体电阻；跨步电压电击是人体进入地面带电的区域时，两脚之间承受的跨步电压造成的电击，故障接地点附近（特别是高压故障接地点附近）、有大电流流过的接地装置附近、防雷接地装置附近以及可能落雷的树木或高大设施下方的地面均可能出现危险的跨步电压，导致跨步电压电击。

（2）电伤

按照电流转换成作用于人体的能量的不同形式，电伤分为电弧烧伤、电流灼伤、皮肤金属化、电烙印、机械性损伤、电光眼等伤害。

1）电弧烧伤是由弧光放电造成的烧伤，是最危险的电伤。电弧烧伤分为直接电弧烧伤和间接电弧烧伤。前者是带电体与人体之间发生电弧，有电流流过人体的烧伤；后者是电弧发生在人体附近对人体的烧伤，包含熔化了的炽热金属溅出造成的烫伤。电弧温度高达8 000℃，可造成大面积、大深度的烧伤，甚至烧焦、烧毁四肢及其他部位。高压电弧和低压电弧都能造成严重烧伤。高压电弧的烧伤更为严重。

2）电流灼伤是人体与带电体接触，电流通过人体由电能转换成热能造成的伤害。电流越大、通电时间越长、电流路径上的电阻越大，则电流灼伤越严重。单纯的电流灼伤多发生在低压系统。

3）皮肤金属化是电弧使金属熔化、气化，金属微粒渗入皮肤造成的伤害。

4）电烙印是电流通过人体后在人体与带电体接触的部位留下的永久性瘢痕。

5）机械性损伤是电流作用于人体时，由于中枢神经强烈反射和肌肉强烈收缩等作用造成的机体组织断裂、骨折等伤害。

6）电光眼是发生弧光放电时，红外线、可见光、紫外线对眼睛造成的伤害。

学习心得

第六条 触电事故的预防和绝缘材料的使用

知识培训

1. 预防触电事故的常用方法

因为人体组织有60%以上是由含有导电物质的水分组成，故人体是电的良导体。触电是指人体触及或靠近带电体，使人体成为电路的一部分或形成电弧波、闪击放电的现象。

在企业生产中，电气设备的运行、维护、检修过程，最易发生触电事故，特别是维护、检修工作中的失误，是造成人身触电的主要原因。

触电事故一般是多种原因交叉造成的。预防触电事故有多种技术措施和管理措施。

预防触电事故的技术措施中，绝缘、屏护、间距是防止直接接触电击的技术措施；保护接地、保护接零、加强绝缘、电气隔离、等电位联结等是防止间接接触电击的技术措施；安全电压和漏电保护是既能防止直接接触电击，也能防止间接接触电击的技术措施。

2. 绝缘材料的主要性能指标

绝缘材料有电性能、力学性能、热性能、吸潮性能、抗生物性能等多项性能指标。

（1）电性能

绝缘材料的电性能主要是电阻率和介电常数。作为绝缘结构，绝缘材料的主要性能是绝缘电阻、耐压强度、泄漏电流和介质损耗。其中，绝缘电阻相当于漏导电流遇到的电阻，是直流电阻，是判断绝缘质量最基本、最简易的指标。

（2）力学性能

绝缘材料的力学性能指强度、弹性等性能。随着使用时间延长，力学性能将逐渐降低。

（3）热性能

绝缘材料的热性能包括耐热性能、耐弧性能、阻燃性能、软化温度和黏度。绝缘材料的耐热性能用允许工作温度来衡量。

（4）吸潮性能

吸潮性能包括吸水性能和亲水性能。木材属于吸水性材料，而玻璃属于非吸水性材料。玻璃表面能凝结水膜，属于亲水性材料；而蜡和聚四氟乙烯表面不能凝结水膜，属于非亲水性材料。

（5）抗生物性能

抗生物性能是材料抵御霉菌等生物性破坏的能力。

绝缘安全用具包括绝缘杆、绝缘夹钳、绝缘靴、绝缘手套、绝缘垫和绝缘站台。绝缘安全用具分为基本安全用具和辅助安全用具，前者的绝缘强度能长时间承受电气设备的工作电压，能直接用来操作带电设备；后者的绝缘强度不足以承受电气设备的工作电压，只能加强基本安全用具的保护作用。

3. 绝缘破坏的主要方式

绝缘材料受到电气、高温、潮湿、机械、化学、生物等因素的作用时均可能遭到破坏，并可归纳为以下三种破坏方式：

（1）绝缘击穿

当施加于绝缘材料上的电场强度高于临界值时，绝缘材料发生破裂或分解，电流急剧增加，完全失去绝缘性能，这种现象就是绝缘击穿。发生击穿时的电压称为击穿电压，击穿时的电场强度简称击穿强度。固体绝缘材料的击穿有电击穿、热击穿、电化学击穿、放电击穿等形式。

1）电击穿是碰撞电离导致的击穿。电击穿的特点是作用时间短、击穿电压高。

2）热击穿是固体绝缘温度上升、局部熔化、烧焦或烧裂导致的击穿。热击穿的特点是电压作用时间较长，而击穿电压较低。

3）电化学击穿是由于电离、发热和化学反应等因素的综合效应造成的击穿。电化学击穿的特点是电压作用时间长，击穿电压往往很低。

4）放电击穿是固体绝缘在强电场作用下，内部气泡首先发生碰撞电离而放电，继而加热其他杂质，使之汽化形成气泡，由气泡放电进一步发展导致的击穿。

（2）绝缘老化

绝缘老化是绝缘材料在运行过程中受到热、电、光、氧、机械力、微生物等因素的长期作用，发生一系列不可逆的物理化学变化，导致绝缘材料电气性能和力学性能的劣化。

（3）绝缘损坏

绝缘损坏是指绝缘材料受到外界腐蚀性液体、气体、蒸气、潮气、粉尘的污染和侵蚀，以及受到外界热源、机械力、生物因素的作用，失去电气性能或力学性能的现象。

数据查询

低压配电装置正面通道宽度单列布置时一般不应小于1.5 m；双列布置时一般不应小于2 m。为了达到间距防触电的安全要求，低压配电装置背面通道应符合以下要求：

（1）通道宽度一般不应小于1 m，有困难时可减为0.8 m。

(2) 通道内低于 2. 3 m 的无遮栏裸导体与对面墙或设备的距离不应小于 1 m，与对面其他裸导体的距离不应小于 1. 5 m。

(3) 通道上方裸导体低于 2. 3 m 时应加遮栏，加遮栏后通道高度不应小于 1. 9 m。

高压配电装置宜与低压配电装置分室装设；在同一室内单列布置时，高压开关柜与低压配电盘之间的距离不应小于 2 m。配电装置排列长度超过 6 m 时，低压配电盘后应有两个通向本室或其他房间的出口，且其间距不应超过 15 m。

学习心得

第七条 保护接地系统（IT 系统）

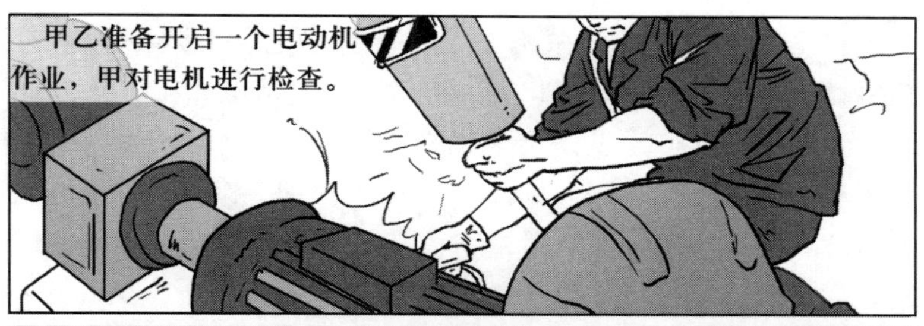

知识培训

1. IT系统

IT系统即保护接地系统。所谓接地，就是将设备的某一部位经接地装置与大地连接起来。接地分为正常接地和故障接地。

正常接地又分为工作接地和安全接地。工作接地指正常情况下有电流流过，利用大地代替导线的接地，以及正常情况下没有或只有很小不平衡电流流过，用以维持系统安全运行的接地；安全接地是正常情况下没有电流流过的、起防止事故作用的接地，如防止触电的保护接地、防雷接地等。

故障接地是指带电体与大地之间的意外连接，如对地短路等。而将在故障情况下可能呈现危险对地电压的金属部分经接地线、接地体同大地连接起来，把故障电压限制在安全范围以内的做法就是保护接地。这种系统就是IT系统。字母I表示配电网不接地或经高阻抗接地，字母T表示电气设备外壳接地。

2. IT系统安全原理

IT系统原理如图7—1所示。

在如图7—1a所示的无接地配电网中，当一相碰连外壳时，

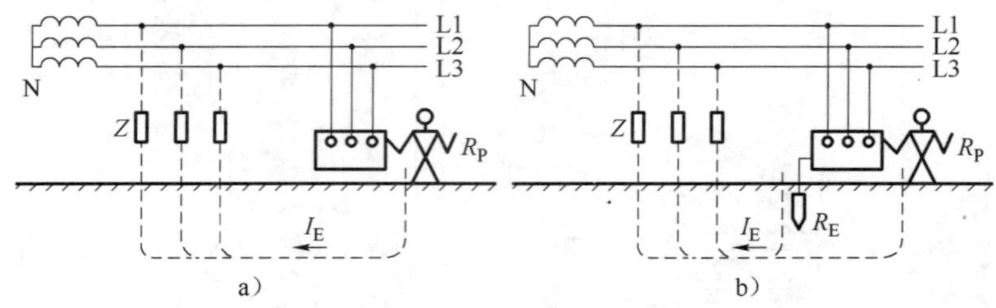

图7—1　IT系统原理

a）无接地　b）有接地

接地电流 I_E 通过人体和配电网对地绝缘阻抗构成回路。如各相对地绝缘阻抗对称，即 $Z_1=Z_2=Z_3=Z$，则运用戴维南定理可以求得人体承受的电压和流过人体的电流分别为：

$$U_P=\frac{3UR_P}{|3R_P+Z|}$$

$$I_P=\frac{U_P}{R_P}=\frac{3U}{|3R_P+Z|}$$

式中　U ——相电压；

U_P、I_P 和 R_P——人体电压、人体电流和人体电阻；

Z——各相对地绝缘阻抗。

绝缘阻抗 Z 是绝缘电阻 R 和分布电容 C 的并联阻抗。正常情况下，R 为 MΩ 级的电阻；C 的范围是 0.006～0.06 μF/km。

对于对地分布电容较大，对地绝缘电阻较高的情况，可简化复数运算，按下式分别求得人体电压和人体电流：

$$U_p=\frac{3\omega R_p CU}{\sqrt{9\omega^2 R_p^2 C^2+1}}$$

$$I_p=\frac{3\omega CU}{\sqrt{9\omega^2 R_P^2 C^2+1}}$$

尽管通过人体的电流是经过绝缘阻抗构成回路，但在线路较长、绝缘电阻较低的情况下，即使在低压配电网中，单相电击的危险性依然是存在的。例如，如配电网各相对地电压为 220 V，各相对地绝缘电阻均可视为无限大，各相对地电容均为 0.55 μF，人体电阻为 2 000 Ω 的情况下，可按上式求得人体电压和人体电流分别为 $U_P=158.3$ V 和 $I_P=79.2$ mA，说明单相电击有致命的危险。

如果像如图 7—1b 所示的那样，设备上有接地，情况将发生极大的变化。这时，接地电阻 R_E 与人体电阻 R_P 并联，一般情况下 $R_E \ll R_P$，在线路较长、绝缘电阻较低的情况下，人体电压和人体电流分别为：

$$U_P = 3UR_E\omega C$$

$$I_P = \frac{3UR_E\omega C}{R_P}$$

因为 $R_E \ll |Z|$，所以漏电设备故障对地电压大幅降低。只要适当控制 R_E 的大小，即可限制该故障电压在安全范围之内。

规章制度

在配电网中，凡由于绝缘损坏或其他原因而可能呈现危险电压的金属部位，除另有规定外，均应接地。应接地的部位包括：

(1) 电动机、变压器、电器、携带式或移动式用电器具的金属底座和外壳。

(2) 电气设备的传动装置。

(3) 室内外配电装置的金属或钢筋混凝土构架的钢筋以及靠近带电部分的金属遮栏和金属门。

(4) 配电、控制、保护用的屏（柜、箱）及操作台等的金属框架和底座。

(5) 交、直流电力电缆的金属接头盒、终端头和膨胀器的金属外壳和电缆的金属护层、可触及的金属保护管和穿线的钢管。

(6) 电缆桥架、支架和井架。

(7) 装有避雷线的电力线路杆塔。

(8) 装在配电线路杆上的电力设备。

(9) 在非沥青地面的居民区内，无避雷线的小接地短路电流架空电力线路的金属杆塔和钢筋混凝土杆塔。

(10) 电除尘器的构架。

(11) 封闭母线的外壳及其他裸露的金属部位。

(12) 六氟化硫封闭式组合电器和箱式变电站的金属箱体。

(13) 电热设备的金属外壳。

(14) 控制电缆的金属护层。

学习心得

第八条 保护接零系统（TN 系统）

知识培训

1. TN 系统

保护接零系统就是 TN 系统。TN 系统中的字母 N 表示电气设备在正常情况下不带电的金属部分与配电网中性点之间金属性的连接，即与配电网保护零线（保护导体）的紧密连接。

2. TN 系统安全原理

保护接零的原理如图 8—1 所示，当某相带电体碰连设备外壳（即外露导电部分）时，通过设备外壳形成该相对保护零线的单相短路，短路电流促使线路上的短路保护元件迅速动作，从而把故障部分设备断开电源，消除电击危险。

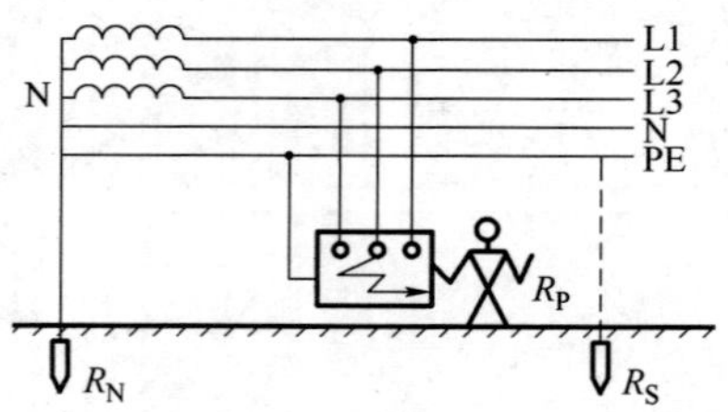

图 8—1　TN 系统原理

TN 系统分为 TN-S、TN-C-S、TN-C 三种方式，如图8—2所示。TN-S 系统是保护零线与工作零线完全分开的系统；TN-C-S 系统是干线部分的前一段保护零线与工作零线共用，后一段保护零线与工作零线分开的系统；TN-C 系统是干线部分保护零线与工作零线完全共用的系统。

在 TN 系统中，应当区别工作零线和保护零线。前者是中性线，用 N 表示；后者是保护导体，用 PE 表示。如果一根线既是工作零线又是保护零线，则用 PEN 表示。

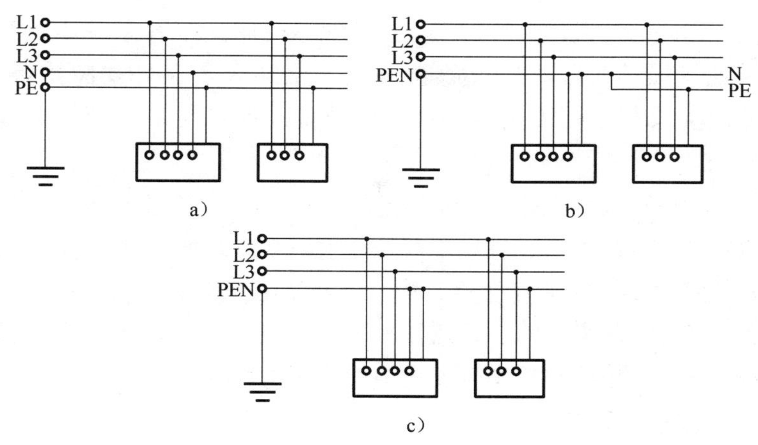

图 8—2　TN 系统

a）TN-S 系统　b）TN-C-S 系统　c）TN-C 系统

为了方便应用，国家标准以额定电压为依据作了一个比较简明的规定：对于相线对地电压 220 V 的 TN 系统，手持式电气设备和移动式电气设备末端线路或插座回路的短路保护元件应保证相、零线短路持续时间不超过 0. 4 s；配电线路或固定式电气设备的末端线路应保证短路持续时间不超过 5 s。后者之所以放宽规定是因为这些线路不常发生故障，而且接触的可能性较小，即使触电也比较容易摆脱。配电箱引出的线路中，除固定设备的线路外，还接有手持式、移动式设备或插座线路，短路持续时间也不应超过 0. 4 s。否则，应采取能将故障电压限制在许可范围之内的等电位连接措施。

3. 保护接零的应用范围

保护接零用于中性点直接接地的 220/380 V 三相四线配电网。在这种配电网中，接地保护方式（TT 系统）难以保证充分的安全条件，不能轻易采用。在保护接零系统中，凡因绝缘损坏而可能呈现危险对地电压的金属部分均应接零。要求接零和不要求接零的设备和部位与保护接地的要求大致相同。

TN-S系统可用于有爆炸危险，或火灾危险性较大，或安全要求较高的场所，宜用于有独立附设变电站的车间；TN-C-S系统宜用于厂内设有总变电站，厂内低压配电的场所及民用楼房；TN-C系统可用于无爆炸危险、火灾危险性不大、用电设备较少、用电线路简单且安全条件较好的场所。

4. 接地装置

接地装置是接地体（极）和接地线的总称。运行中电气设备的接地装置应当始终保持在良好状态。

（1）自然接地体和人工接地体

自然接地体是用于其他目的，但与土壤保持紧密接触的金属导体。例如，埋设在地下的金属管道（有可燃或爆炸性介质的管道除外）、金属井管、与大地有可靠连接的建筑物的金属结构、水工构筑物及类似构筑物的金属管、桩等自然导体均可用作自然接地体。利用自然接地体不但可以节省钢材和施工费用，还可以降低接地电阻和等化地面及设备间的电位。如果有条件，应当优先利用自然接地体。

人工接地体可采用钢管、角钢、圆钢或废钢铁等材料制成。人工接地体宜采用垂直接地体，多岩石地区可采用水平接地体。垂直埋设的接地体可采用钢管、角钢或圆钢。垂直接地体可以成排布置，也可以作环形布置；水平埋设的接地体可采用扁钢或圆钢。水平接地体可呈放射形布置，也可成排布置或环形布置。

(2) 接地线

交流电气设备应优先利用自然导体作接地线。在非爆炸危险环境，如自然接地线有足够的截面，可不再另行敷设人工接地线。

如果车间电气设备较多，宜敷设接地干线。各电气设备外壳分别与接地干线连接，而接地干线经两条连接线与接地体连接。各电气设备的接地支线应单独与接地干线或接地体相连，不应串联连接。接地线截面积应与相线截面积相适应。

电力线路杆塔接地体引出线应镀锌，截面积不得小于50 mm^2。

非经允许，接地线不得作其他电气回路使用。不得利用蛇皮管、管道保温层的金属外皮或金属网以及电缆的金属护层作接地线。

学习心得

第九条 安全电压和漏电保护

知识培训

1. 安全电压

安全电压是指在一定条件下、一定时间内不危及生命安全的电压。根据欧姆定律，可以把加在人体上的电压限制在某一范围之内，使得在这种电压下，通过人体的电流不超过允许的范围，这一电压就叫作安全电压，也叫作安全特低电压。具有安全电压的设备属于Ⅲ类设备。

（1）安全电压的限值

安全电压限值是指在任何情况下，任意两导体之间都不得超过的电压值。我国标准规定工频安全电压有效值的限值为 50 V。这一限值是根据人体电流 30 mA 和人体电阻 1 700 Ω 的条件确定的。我国标准规定直流安全电压的限值为 120 V。

对于电动儿童玩具及类似电器，当接触时间超过 1 s 时，建议干燥环境中工频安全电压有效值的限值取 33 V、直流安全电压的限值取 70 V；潮湿环境中工频安全电压有效值的限值取 16 V、直流安全电压的限值取 35 V。

（2）安全电压的额定值

我国标准规定工频有效值的额定值有 42 V、36 V、24 V、12 V 和 6 V。凡在特别危险环境使用的携带式电动工具应采用 42 V 安全电压；凡在有电击危险环境使用的手持照明灯和局部照明灯应采用 36 V 或 24 V 安全电压；金属容器内、隧道内、水井内以及周围有大面积接地导体等工作地点狭窄、行动不便的环境应采用 12 V 安全电压；水下作业等特殊场所应采用 6 V 安全电压。当电气设备采用 24 V 以上安全电压时，必须采取直接接触电击的防护措施。

2. 漏电保护

漏电保护装置主要用于防止间接接触电击和直接接触电击。漏电保护装置也用于防止漏电火灾，以及用于监测一相接地故障。

漏电保护装置种类很多。按照动作原理，分为电压型和电流型两类；按照有无电子元器件，分为电子式和电磁式两类；按照极数，分为二极、三极和四极漏电保护器等。

电压型漏电保护装置以设备上的故障电压为动作信号；电流型漏电保护装置以漏电电流或触电电流为动作信号。动作信号经处理后带动执行元件动作，促使线路迅速分断。

（1）电压型漏电保护装置

电压型漏电保护装置的接线如图 9—1 所示。作为检测机构的电压继电器 FV 零电位参考端接由三个相同灯泡组成的辅助中性点，信号端接电动机外壳。当电动机漏电，电动机外壳对地电压达到危险数值时，继电器迅速动作，切断作为线路主开关的接触器 KM 的控制回路，从而切断电源。图 9—1 中，电阻 R 和复式按钮 3 SB 是检查支路。R 是分压电阻；复式按钮可保证检查时电动机外壳不带电。

为了提高漏电保护装置的灵敏度和动作可靠性，可以采用直流继电器代替交流继电器。

电压型漏电保护装置的零电位参考端也可以接地，但其接地线和接地体应与设备重复接地或保护接地的接地线和接地体分开。否则，保护装置将失效。

电压型漏电保护装置结构简单，可用于接地系统，也可用于不接地系统，但只能用于设备的漏电保护，而对直接接触电击不起防护作用。

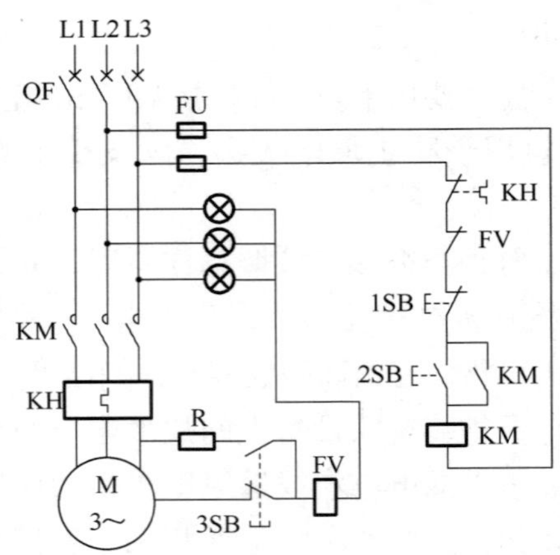

图 9—1　电压型漏电保护装置

(2) 电流型漏电保护装置

电流型漏电保护装置一般指零序电流型漏电保护装置或剩余电流型漏电保护装置。这种漏电保护装置采用零序电流互感器作为取得触电或漏电电流信号的检测元件。

电磁式电流型漏电保护装置的原理如图 9—2 所示。这种保护装置以极化电磁铁 FV 作为中间机构。这种电磁铁由于有永久磁铁而具有极性，而且在正常情况下，永久磁铁的吸力克服弹簧的拉力使衔铁保持在闭合位置。图 9—2 中，三条相线和一条工作零线穿过环形的零序电流互感器 OTA 构成互感器的原边，与极化电磁铁连接的线圈构成互感器的副边。设备正常运行时，互感器原边三相电流在其铁芯中产生的磁场互相抵消，互感器副边不产生感应电动势，电磁铁不动作。

设备发生漏电或后方有人触电时，出现额外的零序电流，互感器副边产生感应电动势，电磁铁线圈中有电流流过，并产

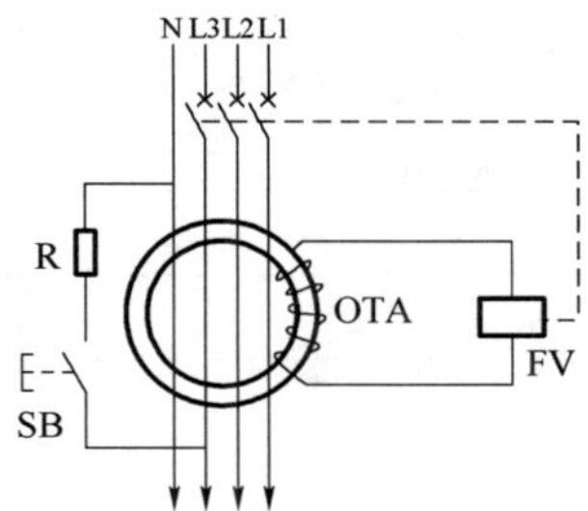

图 9—2　电磁式电流型漏电保护装置

生交变磁通。这个磁通与永久磁铁的磁通叠加，产生去磁作用，使吸力减小，衔铁被反作用弹簧拉开，电磁铁动作，并通过开关设备断开电源。图 9—2 中，SB、R 是检查支路，SB 是检查按钮，R 是限流电阻。

电磁式漏电保护装置结构简单，承受过电流或过电压冲击的能力较强；但其灵敏度不高，而且工艺难度较大。

在检测元件与执行元件之间增设电子放大环节，即构成电子式漏电保护装置。电子式漏电保护装置灵敏度很高，动作时间容易调节，但其可靠性较低，承受电磁冲击的能力较弱。

电流型漏电保护装置虽然不如电压型漏电保护装置的结构简单，但这种漏电保护装置既能防止间接接触电击，又能防止直接接触电击。

学习心得

第十条 电工常用工具的安全使用

知识培训

1. 电工用钳

电工用钳有钢丝钳、尖嘴钳、偏口钳、剥线钳等多种（见图10—1）。电工用钳由钳头和钳柄组成。其钳柄带有绝缘护套，绝缘护套耐压为500 V。

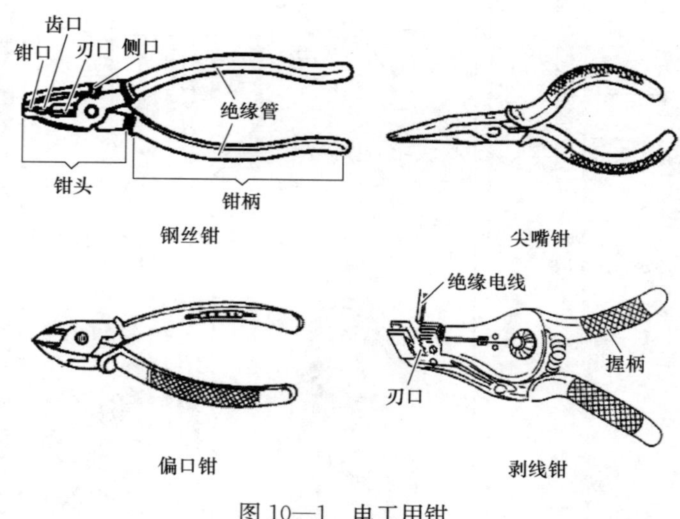

图10—1 电工用钳

(1) 钢丝钳

钢丝钳的规格以其全长表示，常用的规格有150 mm、175 mm、200 mm三种。钢丝钳的主要工作部分是钳头的钳口、齿口、刃口和侧口。钳口可用来剥削导线绝缘、弯绞或钳夹导线线头，齿口可用来拧紧螺母，刃口可用来剪切导线，侧口可用来剪切电线线芯等硬金属丝（见图10—2）。电工用钢丝钳手柄绝缘必须保持良好；用电工钢丝钳剪断带电导线时，不

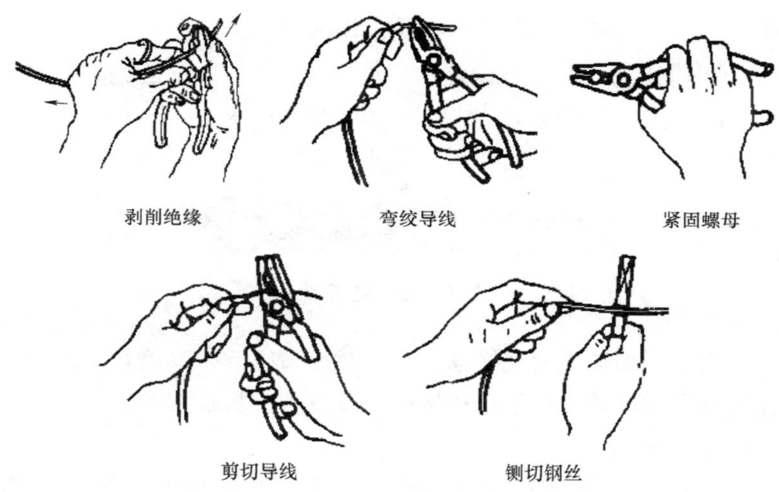

图 10—2　钢丝钳的使用

得同时剪切两根以上的导线，而应先剪断相线，后剪断中性线。

（2）尖嘴钳

尖嘴钳的规格以全长表示，常用的规格有 140 mm 和 180 mm 两种。尖嘴钳主要用来剪断较细的导线和金属丝，弯绞导线线头，将单股导线弯成一定圆弧的接线鼻子，并可用来夹持、安装较小的螺钉、垫圈等，其安全要求与钢丝钳相同。

（3）偏口钳

偏口钳主要用来切断单股或多股导线，其安全要求与钢丝钳相同。

（4）剥线钳

剥线钳的钳口有 0.5～3 mm 多个不同孔径的刃口。使用时，将导线放入剥线钳相应的刃口内，用力握钳柄，导线的绝缘层即被割断、弹出。所选的刃口应略大于芯线直径，以免剪断线芯。剥线钳安全要求与钢丝钳相同。

2. 电工刀

电工刀主要用来剖削电线、电缆绝缘层，切割木台缺口、削制木桩，以及切削软金属，其外形如图10—3所示。

图10—3　电工刀

电工刀刀柄没有绝缘保护，不能在带电导线或器材上剖削；使用时应注意防止伤手；用毕应立即将刀刃折进刀柄内。

3. 电工旋具

旋具是用来紧固、拆卸螺钉的工具，按头部形状分为一字形锥和十字形旋具。电工旋具与木工旋具及其他旋具不同的是电工旋具的手柄与金属工作部分是绝缘的，如图10—4所示。图10—4中上方的是电工旋具，下方的是木工旋具。有的电工旋具还具有验电笔功能。

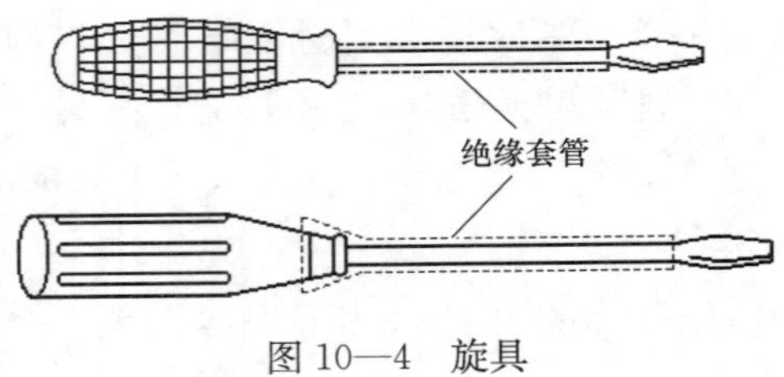

图10—4　旋具

为了不损坏螺钉及相关部件，应根据螺钉的大小选用合适规格的旋具。使用旋具时，手指不得触及金属工作部分。电工旋具的金属工作部分宜套上绝缘管。

4. 扳手

扳手是用来紧固、拆卸螺纹连接的工具。扳手种类很多，有活扳手、呆扳手、梅花扳手、套筒扳手、内六角扳手等。

活扳手（见图 10—5）由头部和柄部组成。头部由活扳唇、呆扳唇、蜗轮等组成。旋动蜗轮可调节扳口的大小。它的开口宽度可在一定范围内调节，其规格以长度乘最大开口宽度来表示。电工常用的活扳手有 150 mm×19 mm、200 mm×24 mm、250 mm×30 mm 和 300 mm×36 mm 四种规格；呆扳手的扳口不能调节，其规格用扳口表示；梅花扳手都是双头扳手，其工作部分为封闭圆环，圆环内分布了 12 个可与六角头螺钉或螺母相配的牙，梅花扳手适应于工作空间狭小的场合；套筒扳手是由一套尺寸不同的梅花套筒头和配套的手柄组成，可用于一般扳手难以接近的场合；内六角扳手是用于旋动内六角螺钉的扳手。

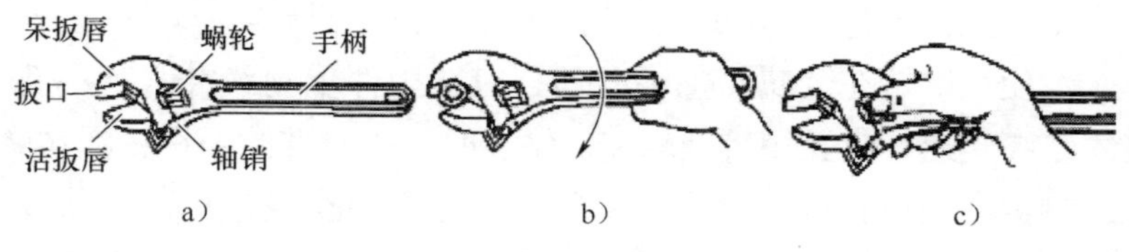

图 10—5　活扳手

a）结构　b）使用　c）调整

为防止打滑，所选用扳手的扳口应与螺钉或螺母良好配合；应收紧活扳手的活扳唇；扳动大螺母时，手应握在手柄尾部；扳动较小螺母时，为防止滑扣，手应握在近手柄中部或头部；活扳手不可反用，不可用钢管接长手柄来加大扳拧力矩；活扳手不得代替撬棒或锤子使用。

5. 凿

电工用凿主要用来在建筑物上打孔，以便安装电线管或电器的支座。电工用凿有麻线凿、小扁凿、大扁凿、长凿等。

麻线凿用来凿制混凝土建筑物的安装孔。小扁凿和大扁凿主要用来凿制砖结构建筑物的安装孔。长凿主要用于较厚墙壁凿孔。用于混凝土结构凿孔的长凿多用实心中碳钢制成；用于砖结构凿孔的长凿由无缝钢管制成。

凿孔时，应不断转动凿子，使灰沙碎石及时排出；应注意防止建筑材料的碎屑伤害眼睛。

6. 冲击电钻和电锤

冲击电钻有两种功能：调整到“钻”的位置时用作普通电钻；调整到“锤”的位置时具有冲击锤的作用，用来在砖结构或混凝土结构建筑物钻孔、凿眼。在混凝土、砖结构建筑物上打孔时须用冲击钻头。一般的冲击电钻都装有辅助手柄，其最大钻头直径不超过 20 mm。有的冲击电钻可调节转速。

使用电钻在金属件上钻孔前，应在工件上划线冲眼。小孔用较高转速，大孔用较低转速。钻孔时，先对准冲眼试钻浅坑，根据需要校正孔位，再加力钻削，过程中注意退钻排削，将要钻穿时适当减力。

电锤是一种具有旋转、冲击复合运动机构的电动工具。电锤冲击力比冲击电钻大，工效高，可用来在混凝土、砖石结构建筑物上钻孔、凿眼、开槽，且不受方向限制。常用电锤钻头直径为 16 mm、22 mm、30 mm 等。

长期未使用的冲击电钻和电锤，使用前应测量绝缘电阻。冲击电钻和电锤的电源线必须是橡皮套软电缆。电源线不应被挤压、缠绕。必须在断电状态下调节冲击电钻转速。在建筑物上钻孔时应经常把钻头从钻孔中抽出以排出灰沙碎石。使用冲击电钻钻孔遇到坚硬物体时，不能施加过大压力，以防钻头退火或冲击钻因过载而损坏。操作中冲击电钻和电锤无故突然堵转时，应立即切断电源。使用电锤时，应握住两个手柄，垂直向下钻孔无须用力；向其他方向钻孔也不能用力过大。操作时，应注意防止建筑材料的碎屑伤害眼睛。

用冲击电钻在砖石建筑物上钻孔时要戴护目镜，防止砂石灰尘溅入眼睛；冲击电钻和电锤的高速运动部件之间应保持良好润滑。

7. 射钉枪

射钉枪是利用枪管内火药爆炸所产生的高压推力，将特制的钉子打入钢板、混凝土和砖墙内的手持工具。

射钉枪中间可以扳折，扳折后前枪露出弹膛，用来装、退射钉。为使用安全和减少噪声，设置了防护罩和消声装置。有的射钉枪装有保险装置，以防止射钉打飞、落地起火。有的射钉枪装有防护罩，没有防护罩不能射钉。

根据需要，可选择使用不同规格的射钉和射钉弹。射钉弹有三种规格，使用时应与活塞和枪管配套。

在使用射钉枪时，必须紧靠基体，并与基体垂直，由操作人员顶紧发射。使用射钉枪的注意事项如下：

（1）射钉枪必须由经培训考核合格的人员使用，并按规定程序操作。

（2）制定发放、保管、使用、维修等管理制度，并有专人负责。

（3）在薄墙、轻质墙上射钉时，对面不得有人停留和经过，应设专人监护。

(4) 发射后，如果钉帽留在被紧固件的外面，可以装上威力小一级的射钉弹，不装射钉，进行一次补射。

(5) 每次用完后，应将枪机用煤油浸泡后，擦净存放，以防锈蚀。

(6) 发现射钉枪故障时，应停止使用，并请专业人员检查、修理。

(7) 射钉弹属于爆炸危险物品，每次应限量领取，并设专人保管。

(8) 枪管内不得有杂物，如装弹后暂时不用，应及时退出射钉弹。

(9) 不得取下前防护罩操作。

(10) 枪管前方不得有人。

8. 压接钳

压接钳是用于连接导线的工具。几种压接钳的外形如图10—6所示。

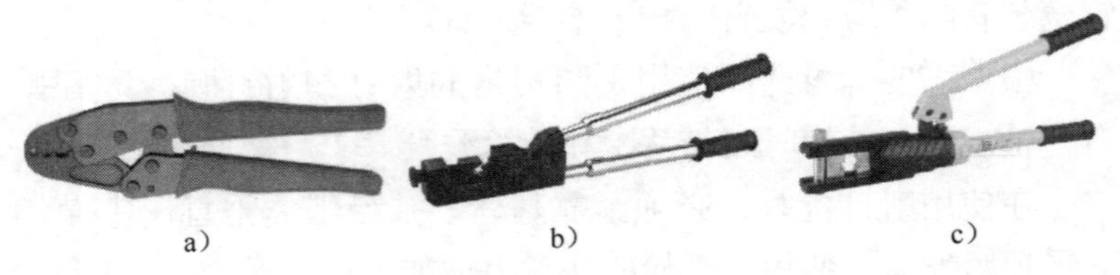

a） b） c）

图10—6 压接钳

a）阻尼式压力钳 b）手动导线压接钳 c）手提式油压钳

手动阻尼式压力钳利用两级杠杆原理工作，适用于单芯铜、铝导线用压线帽的压接。压模应与导线和压线帽的规格相符。为了便于压实导线，压线幅内应用同材质、同线径的线芯插入填实。手动导线压接钳也利用杠杆原理工作，多用于截面积

35 mm² 以下的导线接头的钳接管压接。

9. 电烙铁

电烙铁是钎焊（锡焊）工具，用于铜、铜合金、薄钢板等材料的焊接。电烙铁由手柄、电热元件和铜头等组成。按铜头加热方式分为内热式电烙铁和外热式电烙铁，如图 10—7 所示。内热式电烙铁的热效率较高。

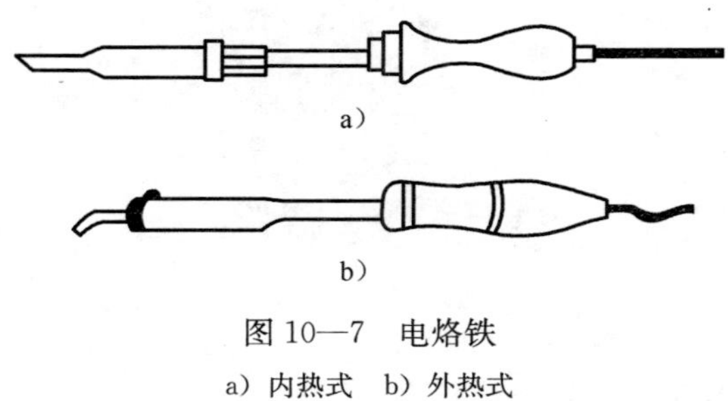

图 10—7 电烙铁

a）内热式 b）外热式

电烙铁的规格用所消耗的电功率表示，通常为 20～300 W。焊接电子线路宜选用 20～40 W 电烙铁；焊接较大截面的铜导线宜选用 75～150 W 电烙铁；对面积较大的工件进行搪锡处理需选用 300 W 电烙铁。钎焊所用的材料是焊锡和焊剂。常用的焊剂有松香液、焊锡膏、氯化锌溶液。

电烙铁必须接保护线，电源线、保护线应保持完好；使用中的电烙铁不能放在可燃物上；使用中较长时间不焊接的电烙铁应断开电源；使用中应注意防止电烙铁的铜头及所粘的焊锡烫伤人。

10. 喷灯

喷灯是喷射火焰加热工件的工具，可用于焊接铅包电缆的铅包层、锡焊过程中对烙铁和工件的加热、大截面铜导线及其他焊接表面的搪锡等。喷灯的构造如图10—8所示。喷灯有煤油喷灯和汽油喷灯。

图10—8　喷灯

使用喷灯的安全注意事项：

(1) 不得在煤油喷灯的筒体内加入汽油。

(2) 汽油喷灯在加汽油时，应先熄火，再将加油阀上螺栓旋松，听见放气声后停止，以免汽油喷出，待气体放尽后，开盖加油。

(3) 加汽油时周围不得有明火。

(4) 打气压力不可过高，喷灯能正常喷火即可；打完气后，应将打气柄卡牢在泵盖上。

(5) 在使用过程中应经常检查油筒内的油量是否少于筒体容积的1/4，以防筒体过热发生危险。

(6) 经常检查油路密封圈零件配合处是否有渗漏跑气现象。

(7) 喷灯喷火时喷嘴前严禁站人；喷灯的加油、放油和修理等工作应在喷灯熄灭后进行。

(8) 使用完毕应将剩余的油、气放掉。

(9) 喷灯火焰与导电部分的距离，10 kV 及以下不得小于 1.5 m；10 kV 以上不得小于 3.0 m。

(10) 作业现场应配备有消防器材和设施。

学习心得

第十一条 电工常用安全工具及其使用

知识培训

1. 电工安全工具的种类

电工安全工具是电工作业人员在安装、运行、检修等操作中，用以防止触电、坠落、灼伤等危险的电工专用工具和用具。常见的电工安全工具有：

(1) 绝缘安全用具

绝缘安全用具包括绝缘杆、绝缘夹钳、绝缘靴、绝缘手套、绝缘垫和绝缘站台等用具。绝缘安全用具分为基本安全用具和辅助安全用具。前者的绝缘强度能长时间承受电气设备的工作电压，能直接用来操作电气设备；后者的绝缘强度不足以承受电气设备的工作电压，只能加强基本安全用具的保护作用。

(2) 验电器

验电器分为高压验电器和低压验电器，用来检验导体是否有电。老式验电器都靠氖灯发光显示，新式低压验电器有的用液晶显示。高压验电器的发光电压不应高于额定电压的25%。低压验电器俗称低压试电笔，除可检测有电无电外，还可以区分相线和中性线。正常情况下，氖管发光的是相线，不发光的是中性线。低压试电笔还可以区分交流和直流，氖管两端都发光的是交流，仅一端发光的是直流。低压试电笔还可以判断电压的高低：电压在36 V以下时氖管一般不发光；电压超过36 V时氖管发光，且电压越高，发光越强。

(3) 临时接地线

临时接地线装设在被检修区段两端的电源线路上，用来防止突然来电和邻近高压线路的感应电的危险，临时接地线也用作放尽线路或设备上残留电荷的安全器材。

临时接地线主要由带透明护套的软导线、绝缘棒和接线夹组成。三根短的软导线是接向三相导体用的，一根长的软导线是接向接地端用的。临时接地线的接线夹必须坚固有力，软导线应采用截面积 25 mm^2 以上的带有透明护套的多股软裸铜线，各部分连接必须牢固。

（4）遮栏

遮栏主要用来防止工作人员无意碰到或过分接近带电体，也用作检修安全距离不够时的安全隔离装置。遮栏用干燥的木材或其他绝缘材料制成。在过道和入口等处可装用栅栏。遮栏和栅栏必须安装牢固，并不得影响工作。遮栏高度及其与带电体的距离应符合屏护的安全要求。

（5）标示牌

标示牌用绝缘材料制成，其作用是警告工作人员不得过分接近带电部分，指明工作人员准确的工作地点，提醒工作人员应当注意的问题，以及禁止向某段线路送电等。

（6）登高安全用具

登高安全用具包括梯子、高凳、脚扣、登高板、安全带等专用用具。

安全带是防止坠落的安全用具。安全带用皮革、帆布或化纤材料制成。安全带有两根带子，长的绕在电杆或其他牢固的构件上起防止坠落的作用，短的系在腰部偏下部位起固定人体作用。安全带的宽度不应小于 60 mm。绕电杆安全带的单根承拉力不应小于 2 206 N。

2. 电工安全用具的使用

（1）安全用具的选用

应根据工作条件选用适当的安全用具。操作高压跌落式熔断器或其他高压开关时，必须使用相应电压等级的绝缘杆，并戴绝缘手套或干燥的线手套进行操作；如雨雪天气在户外操作，必须戴绝缘手套、穿绝缘靴或站在绝缘台上操作。更换熔断器的熔体时，应戴护目眼镜和绝缘手套，必要时还应使用绝缘夹钳。检修工作中，必须正确选择和使用临时接地线、遮栏、标示牌。空中作业必须使用合格的登高用具、安全带，并戴上安全帽。

安全用具不能任意作其他用途，也不能用其他工具代替安全用具。例如，不能用医疗手套或化学手套代替绝缘手套，也不得把绝缘手套或绝缘靴作其他用途；不能用短路法代替临时接地线；不能用不合格的普通绳、带代替安全带。

(2) 安全用具的检查

每次使用安全用具前必须认真检查。检查项目有：

1) 安全用具应在试验有效期内。

2) 安全用具的电压等级应与设备条件相符。

3) 安全用具应无损坏、无变形、无毛刺、无过分磨损，绝缘件表面应无裂纹、无划痕、无脏污、无受潮。

4) 各连接部位连接应可靠。

5) 绝缘手套、绝缘靴在使用前应做人工充气试验。横向拉开手套，用力甩动卷起给手套充气，随即捏紧，检查有无漏气。

6) 验电器每次使用前都应先在有电部位验试其是否完好。

7) 临时接地线应无背花、无死扣，绝缘棒应完好，接地线与绝缘棒的连接、接地线卡子与软铜线的连接应牢固。

8) 使用前应将安全用具擦拭干净。

(3) 绝缘安全用具的使用

1) 使用绝缘手套时，最好先戴上一双线手套；戴绝缘手套时，应将工作服袖口系好，并穿进绝缘手套里。

2）穿绝缘靴时，应将工作服裤脚口折好穿进绝缘靴里；行走时，注意防止尖锐物件扎伤绝缘靴。

3）使用绝缘杆、绝缘夹钳、高压验电器、临时接地线操作时，必须戴绝缘手套；注意手不得越过绝缘部分的防护环。

学习心得

第十二条 电力系统的组成和特点

知识培训

1. 电力系统及其组成

电力系统是由发电厂、送电线路、变电站、配电网和电力负荷组成的系统，是将生产、输送、消费电力的环节经电力网有机联结成的整体。简单的电力系统如图12—1所示。

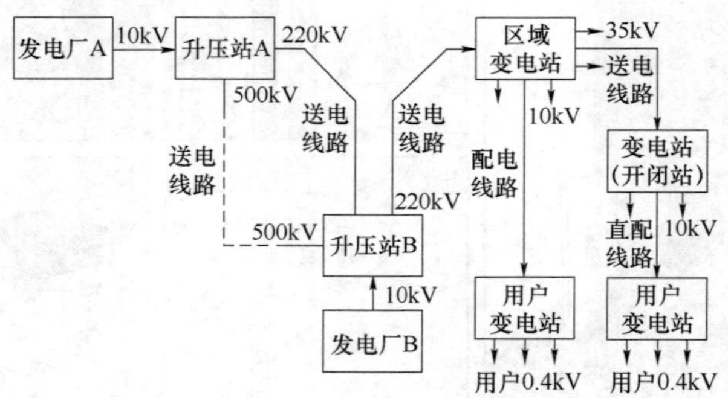

图12—1　电力系统

发电厂将燃料的热能、水的势能或动能、核能等转换为电能。电力系统至少含有两个以上的发电厂。发电机输出的电压一般需要升压后送往送电线路。

送电线路指电压35 kV及以上的电力线路。送电线路是电力系统的主要网络，其作用是将电输送到各个地区的区域变电站和大型企业的用户变电站。送电线路分架空线路和电缆线路。

变电站构成电力系统的中间环节，用以汇集电源、升降电压和分配电力，可分为区域变电站（中心变电站）和用户变电站。

配电网由电压10 kV及以下的配电线路和相应电压等级的配电站组成，其作用是将电能分配到各个用户。配电线路也有架空线路与电缆线路之分。

电力负荷包括国民经济各部门用电及人民生活用电的各种负荷。

2. 大型电力系统的特点

电力系统的电压等级是根据国民经济发展的需要、经济上的合理性、电力设备的制造水平等因素综合确定的。我国工频高压有6 kV、10 kV、35 kV、110 kV、220 kV、500 kV等多个等级；低压通用相电压0.23 kV（用电端220 V）、线电压0.4 kV（用电端380 V）的0.23/0.4 kV配电电压。

目前，电力系统的规模仍然保持扩大的趋势。大型电力系统有以下优点：

（1）不受地方负荷影响，可以增大单台机组的容量，而大容量机组比小容量机组效率高、经济性好。

（2）可以充分利用不同地方的不同资源，减小运输费用，降低电能成本。

（3）利用不同能源电厂的工作特点，合理分配负荷，使系统在经济合理的状态下运行。

（4）在不降低供电可靠性的条件下，允许减少备用机组或减小备用机组的容量。

3. 负荷分级

根据供电可靠性的要求及中断供电在政治上、经济上造成损失的大小或影响程度，用电负荷分为以下三级：

（1）一级负荷

一级负荷是指中断供电将造成人身伤亡，或造成重大经济损失，或影响有重大政治意义、经济意义的用电单位的正常工作的负荷。其中，中断供电将发生中毒、爆炸和火灾等情况的负荷，应视为特别重要的一级负荷。

（2）二级负荷

二级负荷是指中断供电将在政治上、经济上造成较大损失，或中断供电将影响重要用电单位的正常工作的负荷。

（3）三级负荷

三级负荷是指不属于一级、二级负荷的负荷。

一级负荷应由两个电源供电，而且当一个电源发生故障时另一个电源不得同时受到损坏。对于特别重要的一级负荷，除两个电源外，还应增设应急电源。二级负荷宜由双回线路供电。当取得双回线路有困难时，允许由一回专用线路供电。三级负荷对供电无特殊要求。

4. 用户电压过低和过高的危害

用户电压过低的危害是：

（1）电动机启动困难甚至无法启动。

（2）电动机转速下降，对于恒功率负载，电流增大，发热增加。

（3）用电设备达不到额定功率。

（4）装有欠电压保护的设备停机或不能启动。

（5）灯具发光效率降低，气体放电灯启动困难或无法启动。

（6）无线电设备工作质量下降。

用户电压太高有增加线路和设备发热，缩短其使用寿命等危害。

数据查询

用户供电电压允许变化范围见表12—1。

表12—1　　用户供电电压允许变化范围

线路额定电压 U_N	电压允许变化范围
35 kV及以上	$\pm 5\% U_N$
10 kV及以下	$\pm 7\% U_N$
低压照明	$-10\% U_N \sim +5\% U_N$
农业用电	$-10\% U_N \sim +5\% U_N$

学习心得

第十三条 电力线路应具备的安全条件

知识培训

1. 对电力用户的供电方式

就电压等级而言，对电力用户主要有以下四种供电方式：

(1) 进线电压35 kV，经总变电站降低为10 kV分送到各车间，再经车间变电站降低为0.4 kV送往配电箱或用电设备。这种供电方式适用于大型企业和大中型企业。

(2) 进线电压10 kV，经总配电站分送到各车间，在车间变电站降低为0.4 kV送往配电箱或用电设备。这种供电方式适用于中型企业。

(3) 进线电压10 kV，经变电站降低为0.4 kV分送到各车间，再经车间配电室送往配电箱或用电设备。这种供电方式适用于中小型企业和小型企业。

(4) 进线电压0.4 kV，经配电室送往配电箱或用电设备。这种供电方式适用于小型企业。这种用户叫作低压用户。

不论是从配电网引进高压电源还是自己备有发电设备的企业，都必须有相应的变、配电装置。完成变电和配电控制的场所叫做变配电站。

2. 用电单位的供配电安全管理

(1) 用电单位应健全用电管理机构，确定电气专业负责人。

(2) 应建立用电管理制度、岗位责任制、安全操作规程、运行管理规程及值班制度、防火制度等制度，并制订事故调查处理条例及应急预案。

(3) 加强设备管理，应坚持以维护为主、检修为辅的基本原则，搞好设备的维护保养工作，使设备经常处于良好状态。

(4) 除本单位的设备外，运行值班人员对站内安装的属于供电部门的设备也应进行巡视和检查。

(5) 多路高压电源可自动投入或可并路倒闸的用电单位，应与供电部门签订调度协议，执行电网调度管理制度。

(6) 用电单位未取得供电部门的同意，不得在本单位不能控制的电气设备上装设接地线，进行工作。

3. 电力线路应具备的安全条件

(1) 导电能力

为防止线路过热，保护线路正常工作，导线运行最高温度不得超过限值；电压损失不能太大，因为电压损失太大不但用电设备不能正常工作，而且可能导致电气设备和电力线路过热；为了短路时速断保护装置能可靠动作，短路时必须有足够大的短路电流。

(2) 强度

运行中的导线将受到自重、风力、热应力、电磁力和覆冰重力的作用，故障时还会受到短路电磁力的作用。因此，导线必须保证足够的强度。

(3) 绝缘

绝缘不良可能导致漏电甚至短路。电力线路的绝缘电阻必须符合要求。运行中低压电力线路的绝缘电阻一般不得低于每伏工作电压 1 000 Ω，新安装和大修后的低压电力线路一般不得低于 0.5 MΩ，控制线路一般不得低于 1 MΩ。

(4) 间距

电力线路与建筑物、树木、地面、水面、其他电力线路以及各种工程设施之间均应保持足够的安全距离。

(5) 导线连接

导线的接头是电力线路的薄弱环节，因此必须连接紧密。

原则上导线连接处的机械强度不得低于原导线机械强度的80％；绝缘强度不得低于原导线的绝缘强度；接头部位电阻不得大于原导线电阻的1.2倍。

(6) 过流保护

短路时短路保护装置必须瞬时动作。

标准操作

常见的室内配线有金属管配线、塑料管配线、金属槽配线、塑料线槽配线、护套线直敷配线、瓷绝缘配线等多种形式。其他几种配线形式与金属管配线形式类似，只是根据建筑物走线环境的需要选择。室内配线中金属管配线的基本要求有：

(1) 金属管配线应采用绝缘电线和电缆。同一管内有几个回路时，所有绝缘电线和电缆都应具有与管内最高标称电压回路相同的绝缘等级。

(2) 三条及以上绝缘导线穿于同一管内时，其总截面积不应超过管内截面积的40％。两条绝缘导线穿于同一管内时，管内径不应小于两根导线直径之和的1.35倍（立管可取1.25倍)。

(3) 同一回路的所有相线和中性线应穿于同一管内。不同回路的线路原则上不应穿于同一根金属管内；一根钢管内不得只穿一相导线。

(4) 管内不得有电线接头。接头应在接线盒内。

(5) 配线管弯曲度不应小于90°；明管弯曲半径不应小于管外径的6倍；埋设在混凝土内的暗管的弯曲半径不应小于管外径的10倍。

(6) 钢管配线的钢管，金属接线盒、分线盒、拉线盒应与保护线可靠连接。钢管连接应采用管箍螺纹连接，并进行防腐处理。管端螺纹长度不应小于管箍长度 1/2，连接后螺纹应露出 2～3 扣。钢管与开关连接时，应用明装金属开关盒；钢管分支应用明装金属分线盒，钢管与其连接也应采用螺纹连接。

(7) 两接线盒或拉线盒之间管路的长度，直线管路不应超过 30 m；中间有一个弯时不应超过 20 m；中间有两个弯时不应超过 15 m；中间有三个弯时不应超过 8 m。

(8) 金属管明管与热水管、蒸汽管同侧敷设时，宜敷设在热水管、蒸汽管的下方。电线管路与水管同侧敷设时，宜敷设在水管的上方。配线管路与热水管平行敷设在上方的最小间距为 0.3 m、在下方为 0.2 m，交叉时为 0.1 m；与蒸汽管平行在上方的最小间距为 1.0 m、在下方为 0.5 m，交叉时为 0.3 m；与其他管线平行时的最小间距为 0.1 m，交叉为 0.05 m。

(9) 暗敷于地下的管路不宜穿过设备基础。穿过建筑物基础时，应加保护管保护；穿过建筑物伸缩缝、沉降缝时，也应采取保护措施。

(10) 暗敷的钢管接线盒、分线盒、拉线盒应采用热镀锌钢材或涂防锈防腐材料。

学习心得

第十四条 电力线路巡视检查的主要内容

知识培训

1. 常见架空线路的组成部分

凡档距超过25 m，利用杆塔敷设的高、低压电力线路都属于架空线路。架空线路主要由导线、杆塔、横担、绝缘子、金具、基础及拉线组成。

架空线路的杆塔用以支承导线及其附件，有空心钢筋混凝土杆、木杆和铁塔之分。钢筋混凝土杆经久耐用、不受气候影响，不易腐蚀，维护简单，应用最为广泛。按其功能，杆塔主要分为：直线杆，耐张杆，转角杆，分支杆，终端杆。

架空线路的横担用以支承导线。架空线路常用的横担有木横担、铁横担和瓷横担。木横担具有良好的防雷性能，但易腐蚀，使用时应做防腐处理。铁横担坚固耐用，但防雷性能不好，并须做防锈处理。瓷横担是绝缘子与普通横担的组合体，结构简单，安装方便，电气绝缘性能也比较好，但瓷质较脆，机械强度较差。

架空线路的绝缘子用以支承、悬挂导线并使之与杆塔绝缘，架空线路多采用针式、蝶式和悬式绝缘子。

架空线路的金具主要用于固定导线和横担，包括线夹、横担支撑、抱箍、垫铁、连接金具等金属器件。

架空线路的拉线及其基础用以平衡杆塔各方向受力，保持杆塔的稳定性。拉线大致可以分为终端拉线、转角拉线、人字拉线、高桩拉线和自身拉线。

2. 常见电缆线路的组成部分

电缆线路主要由电力电缆、终端接头、中间接头及支撑件组成。

电力电缆主要由导电芯线、绝缘层和保护层组成。芯线分铜芯和铝芯两种。绝缘层分浸渍纸绝缘、塑料绝缘、橡皮绝缘等几种。保护层分内护层和外护层。内护层分铅包、铝包、聚氯乙烯护套、交联聚乙烯护套、橡胶套等多种；外护层包括黄麻衬垫、钢铠、防腐层等。

电缆终端头分户外、户内两大类。户外用的有铸铁外壳、瓷外壳的终端头和环氧树脂的终端头；户内用的主要有尼龙和环氧树脂的终端头。环氧树脂终端头成形工艺简单，与电缆金属护套有较强的结合力，有较好的绝缘性能和密封性能，应用最为普遍。

3. 电力线路常见故障

（1）架空线路故障

当风力超过杆塔的稳定度或强度时，将使杆塔歪倒或损坏。当然杆塔锈蚀或腐朽，正常风力也可能导致这种事故。大风还可能导致混线及接地事故。降雨可能造成停电或倒杆事故。在严寒的雨雪季节，导线覆冰将增加线路的机械负荷，增大导线的弧垂，导致导线高度不够；覆冰脱落时，又会导致导线跳动，造成混线。高温季节，导线将因温度升高而松弛，弧垂加大可能导致对地放电。

鸟类筑巢、树木生长、邻近的开山采石或工程施工、风筝及其他抛掷物均可能造成线路短路或接地。

厂矿生产过程中排放出来的烟尘和有害气体会使绝缘子的绝缘水平显著降低，以致在空气湿度较大的天气里发生闪络事故；在木杆线路上，因绝缘子表面污秽，泄漏电流增大，会引起木杆、木横担燃烧事故；有些氧化作用很强的气体会腐蚀金属杆塔、导线、避雷线和金具。

（2）电缆线路故障

就现象而言，电缆故障包含机械损伤、铅皮（铝皮）龟裂、胀裂、终端头污闪、终端头或中间接头爆炸、绝缘击穿、金属护套腐蚀穿孔等故障。就原因而言，电缆故障包含外力破坏、化学腐蚀或电解腐蚀、雷击、水淹、虫害、施工不妥、维护不当等。

4. 架空线路巡视检查的主要内容

（1）沿线路的地面是否堆放有易燃、易爆或强烈腐蚀性物质；沿线路附近有无危险建筑物，有无在雷雨或大风天气可能对线路造成危害的建筑物及其他设施；线路上有无树枝、风筝、鸟巢等杂物，如有，应设法清除。

（2）电杆有无倾斜、变形、腐朽、损坏及基础下沉等现象；横担和金具是否移位、固定是否牢固、焊缝是否开裂；是否缺少螺母等。

（3）导线和避雷线有无断股、背花、腐蚀、外力破坏造成的伤痕；导线接头是否良好、有无过热、严重氧化或腐蚀痕迹；导线对地、对邻近建筑物、对邻近树木的距离是否符合要求。

（4）绝缘子有无破裂、脏污、烧伤及闪络痕迹；绝缘子串偏斜程度；绝缘子铁件损坏情况。

（5）拉线是否完好、是否松弛，绑扎线是否紧固，螺纹是否锈蚀等。

（6）保护间隙是否合格；避雷器瓷套有无破裂、脏污、烧伤及闪络痕迹，密封是否良好，固定有无松动；避雷器上引线有无断股、连接是否良好；避雷器引下线是否完好、固定有无变化、接地体是否外露、连接是否良好。

5. 电缆线路巡视检查的主要内容

（1）直埋电缆的标桩是否完好；沿线路地面上是否堆放矿渣、建筑材料、瓦砾、垃圾及其他重物，有无临时建筑；线路附近地面是否开挖；线路附近有无酸、碱等腐蚀性排放物，地面上是否堆放石灰等可构成腐蚀的物质；露出地面的电缆有无穿管保护，保护管有无损坏或锈蚀，固定是否牢固；电缆引入室内处的封堵是否严密；洪水期间或暴雨过后，巡视附近有无严重冲刷或塌陷现象等。

（2）电缆沟盖板是否完整无缺；沟道是否渗水、沟道内有无积水、沟道内是否堆放有易燃、易爆物品；电缆铝装或铅包有无腐蚀，全塑电缆有无被老鼠啮咬的痕迹；洪水期间或暴雨过后，巡视室内沟道是否进水，室外沟道泄水是否畅通等。

（3）电缆终端头的瓷套管有无裂纹、脏污及闪络痕迹，充有电缆胶（油）的终端头有无溢胶、漏油现象；接线端子连接是否良好，有无过热迹象；接地线是否完好、有无松动；中间接头有无变形、温度是否过高等。

（4）明敷电缆的挂钩或支架是否牢固；电缆外皮有无腐蚀或损伤；线路附近是否堆放有易燃、易爆或强烈腐蚀性物质等。

学习心得

第十五条 万用电表及其安全使用

知识培训

1. 万用电表使用前的准备工作

(1) 使用前的检查

使用前应识别万用电表的面板上各元件及插孔的功能，并检查仪表、测量连接线及插头、插孔是否完好；左右摆动万用电表，观察指针是否灵活；检查转换开关挡位是否清晰。

(2) 正确选用测量连接线插孔

万用电表有两个或多个插孔，用来插接万用电表的测试线。若只有两个插孔，则插孔旁标有“+”“-”号；若有多个插孔，则其中一个插孔为公用端并标有“*”号，其他插孔按功能标注。两条测试线中黑色表笔线插“-”或“*”，红色表笔线插“+”或按测量项目选择的插孔。

(3) 正确选用转换开关挡位

万用电表的转换开关的功能是将不同的被测量转接至相应的测量线路。有的万用电表有两个转换开关，还有“关”的挡位。

(4) 进行机械调零

万用电表的面板上有机械调零螺钉，用来调整电压、电流刻度线零刻度线的零值。机械调零是将万用电表水平放置，调整机械调零螺钉，使指针指到左端零位。

(5) 测量电阻前进行欧姆调零

万用电表的面板上有欧姆调零旋钮，用来调整电阻刻度线的零值。欧姆调零是将万用电表水平放置，并将测量连接线短接，调整欧姆调零旋钮，使指针指到电阻零位（右端）。

(6) 熟悉标度尺

万用电表的表盘上有多条刻度线。测量中应根据转换开关选择的挡位在相应的刻度线读取测量值。

2. 万用电表的基本测量方法

(1) 交流电压测量

将转换开关旋至交流电压（ACV）挡位。所需量程由被测量电压的高低确定。量程过大，难以准确读数，而且误差加大；量程过小，可能损坏仪表。正确选择电压表的量程是尽量使指针偏转至满刻度的 2/3 左右。如果无法估计被测电压的范围，可先用最高量程粗测，再选用适当量程精测。测量交流电压时不分正负极。

(2) 直流电压测量

将转换开关旋至直流电压（DCV）挡位。量程确定方法与交流电压测量相同。测量直流电压时极性必须正确。“+”插孔的表笔接至被测电压的正极，“-”插孔表笔接至被测电压的负极。当无法判断被测电压的极性时，可用最大量程点测，如指针正向偏转，则说明极性正确；如指针反向偏转，则极性错误。

(3) 直流电流测量

将转换开关旋至直流电流（DCA）挡位。除将万用电表串联在被测电路中外，测量方法与直流电压测量基本相同。

(4) 直流电阻测量

将转换开关旋至直流电阻（DCΩ）挡位。根据被测电阻的大小选择适当倍率的挡位，并进行欧姆调零。正确倍率的挡位是尽量使指针偏转至刻度线的中段。如果无法估计被测电阻的范围，可先用中等倍率粗测，再选用适当倍率精测。被测的电阻值为读数与倍率的乘积。进行欧姆调零时，如不能将指针调至右端零位，表明表内电池电量不足，应更换电池。

规章制度

使用万用电表除应注意上述要求外，还应注意以下要求：

（1）串联、并联方式正确。

（2）操作时保持安全距离，防止触电或短路。

（3）测量过程中，不得转动转换开关，必须断开连接后换挡。

（4）测量电阻时必须将被测电阻断开电源，并尽量从线路上断开；应选好挡位，每次换挡后应做欧姆调零。

（5）不能用万用电表欧姆挡测量检流计、微安表等精密仪器的内阻。

（6）看清标度尺，正确读数。

（7）测量完毕，应将转换开关置于“关”挡或电压最大量程挡位。

数字式万用电表的使用方法与模拟式万用电表基本相同。使用中还应注意以下事项：

（1）数字式万用电表通常具有自动调零功能和极性自动显示功能。测量时当被测电压、电流为负时，显示值前面出现“-”号。当被测量大于量程时显示屏左端显示“1”或“-1”。

（2）数字式万用电表通常有四个插孔，黑表笔接“COM”，红表笔应根据被测量的类型选择相应的插孔。

（3）在测量电阻挡位，数字式万用电表的红表笔接“V、Ω”插孔，带正电；黑表笔接“COM”插孔，带负电。极性与指针式万用电表相反。

（4）用低电阻挡（200 Ω挡）测电阻时，可先将两表笔短接，测出表笔引线电阻，并据此修正测量结果；用高电阻挡测电阻时，应防止人体电阻并入被测电阻引起测量误差。

（5）数字式万用电表的频率特性较差，宜用于频率45～500 Hz正弦量的测量。测量非正弦量或被测量频率超出范围时，可能产生较大的测量误差。

（6）电源电压不足时，仪表测量误差增大。如发现仪表显示“⇦”的欠压指示符号，应更换电池。每次测量结束都应关闭电源，将电源开关拨至“OFF”挡位，以延长电池使用寿命；若长期不用，应将电池取出。

（7）无测量显示时，应检查熔丝管是否插入插座，检查熔丝是否烧断。（有的电源开关是用按压而不是拨）

学习心得

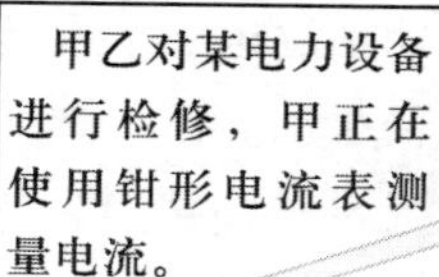

第十六条 电流表及其安全使用

知识培训

1. 电流和电压的测量

电流和电压测量是最基本的电工测量，分别用电流表和电压表作为测量仪表。配电柜用电压表和电流表对精确度要求不高，多采用电磁系仪表。便携式电压表和电流表对精确度要求较高，多采用磁电系仪表。

(1) 电流测量

如图16—1所示，电流表串联在线路中测量电流。为了不影响线路的工作，电流表的内阻应当尽量小一些。

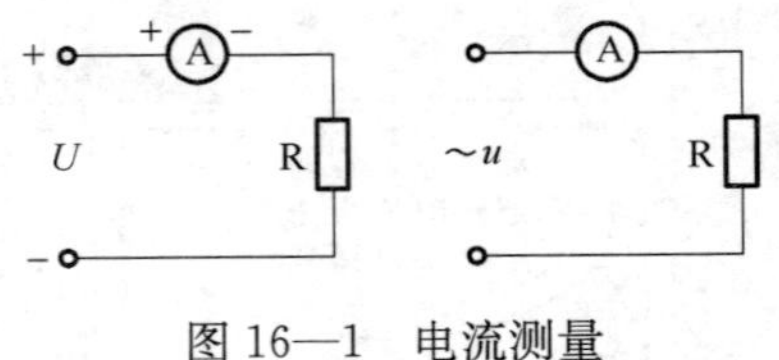

图16—1　电流测量

选用和使用电流表应注意以下事项：

1）分清被测量的电流是直流还是交流。对于非交、直流两用表，误用交流表测量直流可能导致仪表的烧坏。

2）测量前应检查仪表外观是否完好；左右摆动仪表时仪表指针应摆动灵活。

3）正确选用仪表量程。量程选择太小，将造成仪表过载，可能损坏仪表；量程选择太大，将导致误差太大。应当按工作电流的1.5倍左右选取量程。测量时，仪表指针宜停留在刻度盘1/3～3/4的范围内。如不知道被测电流的范围，应先用最大量程点测，找出大致范围，再选用适当量程进行测量。

4）测量直流时，仪表的极性必须正确：仪表正极接电流流入端、仪表负极接电流流出端，即仪表正极接线路正极、仪表负极接线路负极。如不知道被测电流的极性，应先选用最大量程点测，找出极性，再调整极性并选用适当量程进行测量。

5）测量前应做机械调零。如图 16—2 所示，多量程的磁电系电流表带有转换开关。操作转换开关，改变仪表检流计的并联电阻即可改变仪表的量程。并联电阻越小，则仪表量程越大。对于电磁系电流表，改变两个线圈连接方式可以改变量程。

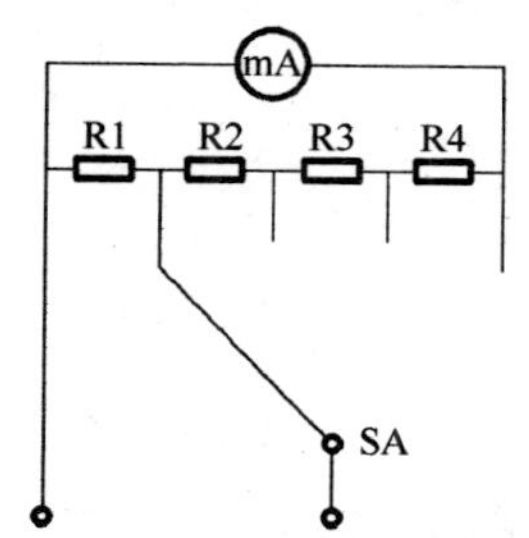

图 16—2　多量程电流表接线

如用小量程电流表测量大电流，则必须配用扩大量程的专用器件。测量交流大电流，应配用电流互感器；测量直流大电流，应配用与仪表并联的分流器（分流电阻）。

（2）电压测量

如图 16—3 所示，电压表并联在线路上测量电压。为了不影响线路的工作，电压表的内阻应当尽量大一些。

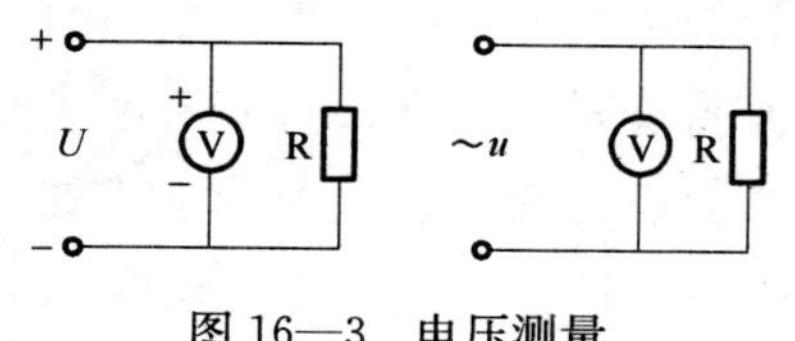

图 16—3　电压测量

除将电压表并联在线路中进行测量外，电压表的选用和使用与电流表的注意事项基本相同。

如图16—4所示，多量程的磁电系电压表带有转换开关。操作转换开关，改变仪表检流计的串联电阻即可改变仪表的量程。串联电阻越大，则仪表量程越大。对于电磁系电压表，改变两个线圈连接方式可以改变量程。

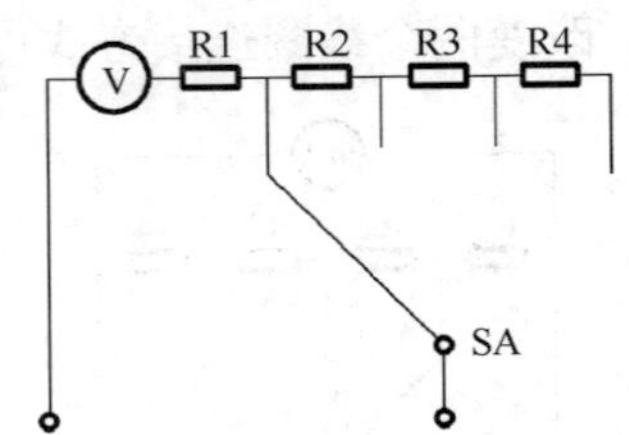

图16—4　多量程电压表接线

如用小量程电压表测量高电压，则必须配用扩大量程的专用器件。测量交流高电压，应配用电压互感器；测量直流高电压，应配用串联的分压器（分压电阻）。

2. 磁电系钳形电流表的使用

磁电系钳形电流表由铁芯可开合的电流互感器、磁电整流系电流表、转换开关、绝缘手柄等组成。数字式钳形电流表的外形如图16—5所示。

钳形电流表用于在不断开导线的情况下测量线路上的电流。

使用前检查钳形电流表外观有无缺陷，钳口能否灵活张开、紧密闭合；钳口结合面是否平滑、有无锈蚀或油污；手柄绝缘护套、铁芯绝缘护套有无破损、是否受潮或脏污；表针摆动是否灵活、有无变形；转换开关挡位是否清晰；并进行机械调零。

量程的选择与万用电表原则相同。测量时尽可能使仪表处

图 16—5 数字式钳形电流表

于水平位置。根据被测量电流的大小旋转转换开关到适当挡位后，张开钳口钳入被测导线，令钳口闭合，读取被测电流。

测量时应戴干燥的线手套或绝缘手套；测量中应注意与带电体保持安全距离，防止触电或短路；换挡必须断开连接后进行；低压钳形电流表只能用于低压线路，而且不能测量裸导体的电流；使用完毕，将转换开关旋至“关”挡或最大量程挡位。

测量小电流时，可将导线绕若干匝钳入互感器，被测电流等于仪表读数除以匝数。

学习心得

第十七条 兆欧表及其安全使用

知识培训

1. 兆欧表

绝缘电阻是电气设备最基本的性能指标。绝缘电阻是兆欧级的电阻，而且要求在较高的电压下进行测量。兆欧表是测量绝缘电阻的专用仪表。

兆欧表主要由作为电源的手摇发电机（或其他直流电源）和作为测量机构的磁电系比率计组成。手摇发电机输出较高电压的直流电源。如图17—1所示是磁电系比率计原理图，其同一转轴上装有两个交叉的线圈。当有电流 I_1 和 I_2 流过两个线圈时，两个线圈所受到的转动力矩的方向是相反的。指针的偏转角取决于电流 I_1 与 I_2 的比值，而与每个电流的大小无关。

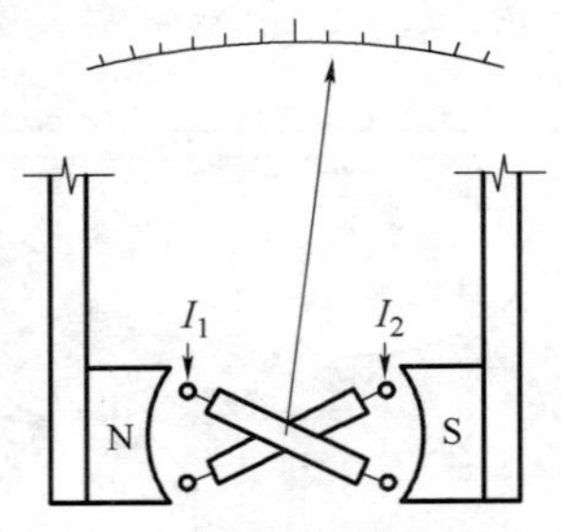

图17—1　磁电系比率计原理图

兆欧表测量原理如图17—2所示。接上被测绝缘电阻 R_X 即构成两条并联的支路，摇动手摇发电机，电流 I_1 与 I_2 之比为：

$$\frac{I_1}{I_2}=\frac{R_2+r_2+R_X}{R_1+r_1}$$

式中，R_1 和 R_2 是兆欧表内置电阻；r_1 和 r_2 是兆欧表两个线圈的电阻。因为 R_1、R_2、r_1、r_2 都有固定数值，所以 I_1 与 I_2 的比值仅仅取决于被测绝缘电阻 R_X。由于指针偏转角只取决于 I_1 与 I_2 的比值，使得指针偏转角只取决于被测绝缘电阻 R_X，而与 I_1 和 I_2 的大小无关。这就克服了由于手摇时转速不稳定，兆欧表输出电压不稳定导致测量电流不稳定所引起的测量误差。

兆欧表转动部分的转动惯量较大，也能在一定程度上克服手摇不稳定带来的影响。

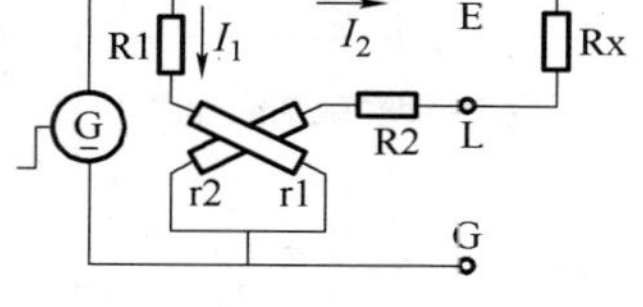

图 17—2　兆欧表测量原理

如图 17—2 所示，兆欧表有 E（接地端）、L（线路端）、G（屏蔽端）三个端子。一般测量只用到 E 端和 L 端。E 端接外壳或接地、L 端接被测导体。

2. 兆欧表选用

应根据被测对象选用不同电压的兆欧表。测量额定电压 500 V 以下的线路或设备应采用 500 V 或 1 000 V 的兆欧表；测量 500 V 以上的线路或设备应采用 1 000 V 或 2 500 V 的兆欧表；测量 10 kV 及以上的线路或设备应采用 2 500 V 的兆欧表。测量新的和大修后的线路或设备应采用较高电压的兆欧表；测量运行中的线路或设备应采用较低电压的兆欧表。兆欧表选用见表 17—1。

表 17—1　　兆欧表选用

测量设备	设备状况	测量部位	兆欧表电压等级/V	对兆欧表的要求
低压电动机	新	各相绕组对机壳、各相绕组之间	1 000	500 MΩ 刻度
	运行中		500	
低压电力电容器	新	各极对外壳	1 000	1 000 MΩ 刻度
	运行中		2 000	2 000 MΩ 刻度

续表

测量设备	设备状况	测量部位	兆欧表电压等级/V	对兆欧表的要求
低压电力电缆	新或运行中	各极对外壳及其他相	1 000	需连接G端
6～10 kV变压器	新或运行中	一次绕组对二次绕组及外壳	2 500	—

3. 兆欧表使用

使用前应检查兆欧表有无缺陷、指针摆动是否灵活、摇把有无卡阻，并进行开路试验和短路试验。开路试验的做法是使兆欧表的端子开路，转动摇把，由慢到快，逐渐加速至120 r/min，观察指针应指在“∞”位。短路试验的做法是将E端和L端短接起来慢慢转动摇把，或慢慢转动摇把时将E端和L端短接一下，指针应迅速摆向“0”位。应当注意，兆欧表的转轴上没有游丝，无须进行机械调零。

使用兆欧表测量绝缘电阻时，应当注意下列事项：

(1) 被测设备必须停电。对于有较大电容的设备，停电后必须充分放电。

(2) 测量连接导线不得采用双股绝缘线，而应采用绝缘良好单股线分开连接，以免双股线绝缘不良引起测量误差。

(3) 摇把的转速应由慢至快，转速应稳定，不要时快时慢。一般在转速120 r /min左右时持续摇动1 min，待指针稳定后读数。记录完毕后转速应由快至慢，逐渐停止下来。

(4) 在测量过程中，如果指针指向“0”位，表明被测点的绝缘已经失效。应立即停止转动摇把，防止烧坏兆欧表。

(5) 对于有较大电容的线路和设备，测量结束也应进行放电。放电时间一般不应少于 2 min。对于高电压、大电容的电缆线路，放电时间应适当延长。

（6）测量应尽可能在设备刚停止运转时进行，以使测量结果符合设备运转时的实际温度。

学习心得

第十八条 电气火灾爆炸的危险性

知识培训

1. 电气火灾爆炸的引燃源

电气引燃源种类很多，归纳起来，危险温度和电火花、电弧是直接的电气引燃源。

(1) 危险温度

电气设备稳定运行时，其最高温度和最高温升都不会超过某一允许范围。例如，裸导线和塑料绝缘线的最高温度一般不得超过70℃；橡皮绝缘线的最高温度一般不得超过65℃；油浸式变压器上层油温不得超过85℃；电力电容器外壳温度不得超过65℃；电动机定子绕组的E级绝缘的最高温度不得超过105℃，B级绝缘最高温度不得超过110℃。当电气设备的正常运行遭到破坏时，发热量增加，温度升高，即产生危险温度，称为引燃源。

电气设备产生危险温度的原因大体包括：短路；接触不良；过载；铁芯过热；散热不良；漏电；机械故障；电压过高或者过低；电热器具和照明灯具损坏等。

(2) 电火花和电弧

电火花是电极间的击穿放电，大量电火花汇集起来即构成电弧。电火花的温度很高，特别是电弧，温度高达8 000℃。因此，电火花和电弧不仅能引起可燃物燃烧，还能使金属熔化、飞溅，构成二次引燃源。

电火花分为工作火花和事故火花。工作火花指电气设备正常工作或正常操作过程中产生的电火花。事故火花是线路或设备发生故障时出现的火花。事故火花还包括由外部原因产生的火花，如雷电火花、静电火花、电磁感应火花等。

2. 能引起电气火灾或者爆炸的危险物质

爆炸性物质、可燃气体、可燃液体、自燃物质、遇水燃烧物质、氧化剂属于有火灾和爆炸危险的物质。危险物质指在大气条件下能与空气形成爆炸性混合物的气体、蒸汽、薄雾、粉尘、纤维的物质。所谓爆炸性混合物就是一经点燃，燃烧即能在整个范围内传播的混合物。这种能与空气形成爆炸性混合物的爆炸危险物质分为以下三类：Ⅰ类，矿井甲烷；Ⅱ类，爆炸性气体、蒸汽、薄雾；Ⅲ类，爆炸性粉尘、纤维。

闪点、燃点、引燃温度、爆炸极限、最小点燃电流比、最大试验安全间隙、蒸汽密度是危险物质的主要性能参数。

爆炸极限分为爆炸浓度极限和爆炸温度极限。后者很少用到，通常所指的都是爆炸浓度极限。该极限是指在一定的温度和压力下，气体、蒸汽、薄雾或粉尘、纤维与空气形成的能够被引燃并传播火焰的浓度范围。该范围的最低浓度称为爆炸下限，最高浓度称为爆炸上限。例如，甲烷的爆炸极限为5%～15%，汽油的为1.4%～7.6%，乙炔的为1.5%～82%等。爆炸极限受环境温度、气压、氧含量、惰性气体含量、容器几何形状、引燃源特征等因素的影响。

3. 爆炸危险区域的分类

根据《爆炸和火灾危险环境电力装置设计规范》（GB 50058—1992），爆炸性气体环境应根据爆炸性气体混合物出现的频繁程度和持续时间进行分区。0区：连续出现或长期出现爆炸性气体混合物的环境；1区：在正常运行时不可能出现爆炸性气体混合物的环境；2区：在正常运行时不可能出现爆炸性气体混合物的环境，或即使出现也仅是短时存在的爆炸性气体混合物的环境。

爆炸性粉尘环境应根据爆炸性粉尘混合物出现的频繁程度和持续时间进行分区。10区：连续出现或长期出现爆炸性粉尘环境；11区：有时会将积留下的粉尘扬起而偶然出现爆炸性粉尘混合物的环境。

火灾危险环境应根据火灾事故发生的可能性和后果，以及危险程度及物质状态的不同进行分区。21区：具有闪点高于环境温度的可燃液体，在数量和配置上能引起火灾的环境；22区：具有悬浮状、堆积状的可燃粉尘或可燃纤维，虽不可能形成爆炸混合物，但在数量和配置上能引起火灾危险的环境；23区：具有固定状可燃物质，在数量和配置上能引起火灾危险的环境。

4. 爆炸危险环境下的线路材料的选择

由于铝导体的强度差，易折断，需要过渡连接而加大接线盒，且连接技术难以保证，使得铝芯导线和铝芯电缆的安全性能较差。如有条件，爆炸危险环境应优先采用铜线。

1区和10区的所有电气线路应采用截面积不小于2.5 mm^2的铜芯导线；2区动力线路应采用截面积不小于1.5 mm^2的铜芯导线或截面积不小于4 mm^2的铝芯导线；2区照明线路和11区所有电气线路应采用截面积不小于1.5 mm^2的铜芯导线或截面积不小于2.5 mm^2的铝芯导线。

在有剧烈振动处应选用多股铜芯软线或多股铜芯电缆。

爆炸危险环境内的配线一般采用交联聚乙烯、聚乙烯、聚氯乙烯或合成橡胶绝缘的且有护套的电线或电缆。爆炸危险环境宜采用有耐热、阻燃、耐腐蚀绝缘的电线、电缆；不宜采用油浸纸绝缘电缆。

在爆炸危险环境，低压电力、照明线路所用电线和电缆的额定电压不得低于工作电压，且不得低于 500 V。工作零线应与相线有同样的绝缘能力，并应在同一护套内。

对于爆炸危险环境中的移动式电气设备，1 区和 10 区应采用重型电缆，2 区和 11 区应采用中型电缆。

学习心得

第十九条 防爆电气设备和线路

知识培训

1. 防爆电气设备类型

(1) 隔爆型

隔爆型设备是具有能承受内部的爆炸性混合物爆炸而不致受到损坏，而且通过外壳任何结合面或结构孔洞，不致使内部爆炸引起外部爆炸性混合物爆炸的电气设备。正常运行时产生火花或电弧的隔爆型电气设备须设有联锁装置，保证电源接通时不能打开壳、盖，而壳、盖打开时不能接通电源。

(2) 增安型

增安型设备是在正常时不产生火花、电弧或高温的设备上采取措施以提高安全程度的电气设备。增安型设备的外壳防护等级不得低于 IP44。

(3) 充油型

充油型设备是将可能产生电火花、电弧或危险温度的带电零、部件浸在绝缘油里，使之不能点燃油面上方爆炸性混合物的电气设备。充油型设备外壳上应有排气孔，孔内不得有杂物；油量必须足够，最低油面以下油面深度不得小于 25 mm。直流开关设备不得制成充油型设备。

(4) 充砂型

充砂型设备是将细粒状物料充入设备外壳内，令壳内出现的电弧、火焰传播、壳壁温度或粒料表面温度不能点燃壳外爆炸性混合物的电气设备。充砂型设备的外壳应有足够的强度，其防护等级不得低于 IP44。

(5) 本质安全型

本质安全型设备是正常状态下和故障状态下产生的火花或

热效应均不能点燃爆炸性混合物的电气设备。本质安全型设备按其安全程度分为 i_a 级和 i_b 级。前者是在正常工作、发生一个故障及发生两个故障时不能点燃爆炸性混合物的电气设备，主要用于 0 区；后者是正常工作及发生一个故障时不能点燃爆炸性混合物的电气设备，主要用于 1 区。

（6）正压型

正压型设备是向外壳内充入带正压的清洁空气、惰性气体或连续通入清洁空气以阻止爆炸性混合物进入外壳内的电气设备。正压型设备按其充气结构分为通风、充气、气密三种形式。保护气体可以是空气、氮气或其他非可燃气体。其外壳防护等级不得低于 IP44，外壳内不得有影响安全的通风死角。正常时，其出风口气压或充气气压不得低于 196 Pa；当压强低于 98 Pa 或压强最小处的压强低于 49 Pa 时，必须发出报警信号或切断电源。

（7）无火花型

无火花型设备是在防止产生危险温度、外壳防护、防冲击、防机械火花、防电缆事故等方面采取措施，以防止火花、电弧或危险温度的产生来提高安全程度的电气设备。

（8）特殊型

特殊型设备是上述各种类型以外的或由上述两种以上形式组合成的电气设备。

2. 防爆电气设备的标志

防爆电气设备的类型和标志见表 19—1。

表 19—1　　防爆电气设备类型和标志

类型	隔爆型	增安型	本质安全型	正压型	充油型	充砂型	无火花型	特殊型
标志	d	e	ia 和 ib	p	o	q	n	s

完整的防爆标志依次标明防爆类型、级别和组别。例如：dⅡBT3为Ⅱ类B级T3组的隔爆型电气设备；iaⅡAT5为Ⅱ类A级T5组的ia级本质安全型电气设备；epⅡBT4为主体增安型，并有正压型部件的防爆电气设备；dⅡ（NH_3）或dⅡ氨为用于氨气环境的隔爆型电气设备等。

3. 爆炸危险环境中电气设备选用

应根据电气设备使用环境的等级、电气设备的种类和使用条件选择电气设备。所选用的防爆电气设备的级别和组别不应低于该环境内爆炸性混合物的级别和组别。

在爆炸危险环境应尽量少用携带式设备和移动式设备，应尽量少安装插座。

为了减小防爆电气设备的使用量，应当考虑把电气设备安装在危险环境之外；如果不得不安装在危险环境内，也应当安装在危险较小的位置。

电动机防爆结构造型见表19—2。表中，○表示适用、Δ表示尽量避免采用、×表示不适用、—表示一般不用。

表19—2　　电动机防爆结构选型

电气设备类别	爆炸危险环境区别						
	1区			2区			
	隔爆	正压	增安	隔爆	正压	增安	无火花
三相笼型感应电动机	○	○	Δ	○	○	○	○
三相绕线型感应电动机	Δ	Δ	—	○	—	○	×
直流电动机	Δ	Δ	—	○	○	—	—

低压变压器防爆结构选型见表19—3。

表 19—3　　　　低压变压器防爆结构选型

电气设备类别	爆炸危险环境区别					
	1区			2区		
	隔爆	正压	增安	隔爆	正压	增安
油浸变压器	—	—	×	—	—	○
干式变压器	Δ	Δ	×	○	○	○

低压开关和控制器类防爆结构选型见表19—4。

表 19—4　　低压开关和控制器类防爆结构选型

电气设备类别	爆炸危险环境区别								
	0区	1区				2区			
	本质安全	本质安全	隔爆	充油	增安	本质安全	隔爆	充油	增安
刀开关	—	—	○	—	—	—	○	—	—
断路器	—	—	○	—	—	—	○	—	—
熔断器	—	—	Δ	—	—	—	○	—	—
操作用小开关	○	○	○	○	—	○	○	○	—
配电盘	—	—	Δ	—	—	—	○	—	—

照明灯具类防爆结构选型见表19—5。

表 19—5　　　　照明灯具类防爆结构选型

电气设备类别	爆炸危险环境区别			
	1区		2区	
	隔爆	增安	隔爆	增安
固定式白炽灯	○	×	○	○
移动式白炽灯	Δ	—	○	—
固定式荧光灯	○	×	○	○

信号及其他电气设备防爆结构选型见表19—6。

表19—6　　信号及其他电气设备防爆结构选型

电气设备类别	爆炸危险环境区别								
	0区	1区				2区			
	本质安全	本质安全	隔爆	正压	增安	本质安全	隔爆	正压	增安
信号、报警装置	○	○	○	○	×	○	○	○	○
接线盒	—	—	○	—	△	—	○	—	○

10区、11区电气设备防爆结构选型见表19—7。

表19—7　　10区、11区电气设备防爆结构选型

序号	电气设备类别		爆炸危险环境区别						
			10区			11区			
			尘密	正压	充油	尘密	正压	IP65	IP54
1	变压器		○	○	○	○	—	—	—
2	配电装置		○	○	—	—	—	—	—
3	电动机	笼型	○	○	—	—	—	—	○
		带电刷	—	—	—	—	○	—	—
4	电器和仪表	固定安装	○	○	○	—	—	○	—
		移动式	○	○	—	—	—	○	—
		携带式	○	—	—	—	—	○	—
5	照明灯具		○	—	—	○	—	—	—

火灾危险环境的电气设备结构选型见表19—8。

4. 防爆电气线路

(1) 线路敷设方式

表 19—8　　火灾危险环境电气设备结构选型

<table>
<tr><th rowspan="2">序号</th><th rowspan="2" colspan="2">电气设备类别</th><th colspan="3">火灾危险环境级别</th></tr>
<tr><th>21区（H-1级）</th><th>22区（H-2级）</th><th>23区（H-3级）</th></tr>
<tr><td rowspan="2">1</td><td rowspan="2">电机</td><td>固定安装</td><td>IP44</td><td rowspan="2">IP54</td><td>IP21</td></tr>
<tr><td>移动式和携带式</td><td>IP54</td><td>IP54</td></tr>
<tr><td rowspan="2">2</td><td rowspan="2">电器和仪表</td><td>固定安装</td><td>充油型、IP54、IP44</td><td rowspan="2">IP54</td><td>IP22</td></tr>
<tr><td>移动式和携带式</td><td>IP54</td><td>IP44</td></tr>
<tr><td rowspan="2">3</td><td rowspan="2">照明灯具</td><td>固定安装</td><td>IP2X</td><td rowspan="4">IP5X</td><td rowspan="4">IP2X</td></tr>
<tr><td>移动式和携带式</td><td>IP5X</td></tr>
<tr><td>4</td><td colspan="2">配电装置</td><td rowspan="2">IP5X</td></tr>
<tr><td>5</td><td colspan="2">接线盒</td></tr>
</table>

应当考虑在爆炸危险性较小或距离释放源较远的位置敷设电气线路。电气线路宜沿有爆炸危险的建筑物的外墙敷设；当爆炸危险气体或蒸汽比空气重时，电气线路应在高处敷设，电缆则直接埋地敷设或采用电缆沟充砂敷设；当爆炸危险气体或蒸汽比空气轻时，电气线路宜敷设在低处，电缆则采取电缆沟敷设。

爆炸危险环境中电气线路主要有防爆钢管配线和电缆配线，其敷设方式及适用范围见表 19—9。

表 19—9　爆炸危险环境配线敷设方式及适用范围

<table>
<tr><th rowspan="2" colspan="2">配线方式</th><th colspan="5">区域危险等级</th></tr>
<tr><th>0</th><th>1</th><th>2</th><th>10</th><th>11</th></tr>
<tr><td colspan="2">本质安全型配线</td><td>○</td><td>○</td><td>○</td><td>○</td><td>○</td></tr>
<tr><td colspan="2">镀锌钢管配线</td><td>×</td><td>○</td><td>○</td><td>×</td><td>○</td></tr>
<tr><td rowspan="2">电缆配线</td><td>低压</td><td>×</td><td>○</td><td>○</td><td>×</td><td>○</td></tr>
<tr><td>高压</td><td>×</td><td>Δ</td><td>○</td><td>×</td><td>○</td></tr>
</table>

1）固定敷设的电力电缆应采用铠装电缆。固定敷设的照明、通信、信号和控制电缆可采用塑料护套电缆。非固定敷设的电缆应采用非燃性橡胶护套电缆。2区沿能防止电缆损伤的槽板等敷设的电缆，可燃气体和蒸汽轻于空气的2区敷设在电缆沟内且不易受到鼠、虫破坏的电缆，11区明敷的电缆，以及10区、11区敷设在电缆沟内的电缆可以采用非铠装电缆。采用非铠装电缆应考虑必要的机械防护。

2）不同用途的电缆应分开敷设。

3）爆炸危险环境不得明敷绝缘导体。

4）火灾危险环境可采用非铠装电缆配线、明设钢管配线、非燃性护套线配线、明设硬塑料管配线，远离可燃物时可采用瓷绝缘子明设配线。

5）在火灾危险环境内，采用裸铝、裸铜母线应符合下列要求：

①不需拆卸检修的母线连接处，应采用熔焊或钎焊。

②螺栓连接（例如母线与电气设备的连接）应可靠，并应防止自动松脱。

③在21区和23区，母线宜装设金属网保护，其孔眼直径应能防止直径大于12 mm的固体异物进入壳内；在22区应有防护外罩。

④露天安装时，应有防雨、雪措施。

（2）隔离密封

敷设电气线路的沟道以及保护管、电缆或钢管在穿过爆炸危险环境等级不同的区域之间的隔墙或楼板时，应用非燃性材料严密堵塞。

（3）导线材料

1）由于铝导体的机械强度差，易折断，需要过渡连接而加大接线盒，且连接技术难以保证，使得铝芯导线和铝芯电缆的安全性能较差。如有条件，爆炸危险环境应优先采用铜线。

2）1区和10区的所有电气线路应采用截面积不小于2.5 mm^2的铜芯导线。2区动力线路应采用截面积不小于1.5 mm^2的铜芯导线或截面积不小于4 mm^2的铝芯导线。2区照明线路和11区所有电气线路应采用截面积不小于1.5 mm^2的铜芯导线或截面积不小于2.5 mm^2的铝芯导线。

3）在有剧烈振动处应选用多股铜芯软线或多股铜芯电缆。

4）爆炸危险环境内的配线一般采用交联聚乙烯、聚乙烯、聚氯乙烯或合成橡胶绝缘的、有护套的电线或电缆。爆炸危险环境宜采用有耐热、阻燃、耐腐蚀绝缘的电线、电缆；不宜采用油浸纸绝缘电缆。

5）在爆炸危险环境，低压电力、照明线路所用电线和电缆的额定电压不得低于工作电压，且不得低于500 V。工作零线应与相线有同样的绝缘能力，并应在同一护套内。

6）对于爆炸危险环境中的移动式电气设备，1区和10区应采用重型电缆，2区和11区应采用中型电缆。

（4）允许载流量

爆炸危险环境导线允许载流量不应高于非爆炸危险环境的允许载流量。1区、2区导体允许载流量不应小于熔断器熔体额定电流和断路器长延时过电流脱扣器整定电流的1.25倍，也不应小于电动机额定电流的1.25倍。高压线路应进行热稳定校验。

（5）电气线路的连接

1）爆炸危险环境的电气线路不允许有非防爆型中间接头。1区、10区应采用隔爆型接线盒，2区和11区可采用增安型以及防尘型接线盒。电缆线路不应有中间接头。

2）2 区选用铝芯电缆或导线时，必须有可靠的铜铝过渡接头；导线的连接或封端应采用压接、熔焊或钎焊，而不允许使用简单的机械绑扎或螺旋缠绕的连接方式。

3）电气线路与电气设备引入装置之间应密封良好。

学习心得

第二十条 雷电的危害及其预防

知识培训

1. 雷电的种类

(1) 直击雷

带电积云与地面目标之间的强烈放电称作直击雷。

带电积云接近地面时，在地面凸出物顶部感应出异性电荷。当积云与地面凸出物之间的电场强度达到25～30 kV/cm时，即发生由带电积云向大地发展的跳跃式先导放电，持续时间为5～10 ms。当先导放电即将达到地面凸出物时，发生从地面凸出物向积云发展的极明亮的主放电，其放电时间仅为50～100 μs。主放电向上发展，至云端即告结束。主放电结束后空间留有微弱的余光，持续时间为30～150 ms。

(2) 感应雷

感应雷也称作雷电感应，分为静电感应雷和电磁感应雷。

静电感应雷是由于带电积云接近地面，在架空线路导线或其他导电凸出物顶部感应出大量电荷引起的。在带电积云与其他客体放电后，架空线路导线或导电凸出物顶部的电荷失去束缚，以大电流、高电压冲击波的形式，沿线路导线或导电凸出物极快地传播。这一现象就是静电感应雷。

电磁感应雷是由于雷电放电时，巨大的冲击雷电流在周围空间产生迅速变化的强磁场引起的。这种迅速变化的磁场能在邻近的导体上感应出很高的电动势。如是开口环状导体，开口处可能由此引起火花放电；如是闭合导体环路，环路内将产生很大的冲击电流。这一现象就是电磁感应雷。

(3) 球雷

球雷是雷电放电时形成的发红光、橙光、白光或其他颜色光的火球。出现的概率约为雷电放电次数的2%。其直径多为20 cm左右；其运动速度为2 m/s或更高一些；其存在时间为数秒钟到数分钟。球雷是一团处在特殊状态下的带电气体。在雷雨季节，球雷可能从门、窗、烟囱等通道侵入室内。

2. 雷电的危害

（1）引发火灾和爆炸

直击雷放电的高温电弧能直接引燃邻近的可燃物造成火灾；高电压造成的二次放电可能引起爆炸性混合物爆炸；巨大的雷电流通过导体，在极短的时间内转换出大量的热能，可能烧毁导体、熔化导体，导致易燃品的燃烧，从而引起火灾甚至爆炸；球雷侵入可引起火灾；数百万伏乃至更高的冲击电压击穿电气设备的绝缘导致的短路也可能引起火灾。

（2）触电

雷电直接对人放电会使人遭到致命电击；二次放电也能造成电击；球雷打击也能使人致命；数十至数百千安的雷电流流入地下，会在雷击点及其连接的金属部分产生极高的对地电压，可能直接导致接触电压和跨步电压电击；电气设备绝缘损坏后，可能导致高压窜入低压，在大范围内带来触电危险。

（3）设备和设施毁坏

数百万伏乃至更高的冲击电压可能毁坏发电机、电力变压器、断路器、绝缘子等电气设备的绝缘，烧断电线或劈裂电杆；巨大的雷电流瞬间产生的大量热量使雷电流通道中的液体急剧蒸发，使体积急剧膨胀，会造成被击物破坏甚至爆碎；静电力和电磁力也有很强的破坏作用。

（4）大规模停电

电力设备或电力线路遭到破坏后即可能导致大规模停电。

3. 常见的防雷装置

避雷针、避雷线、避雷网、避雷带、避雷器都是经常采用的防雷装置。一套完整的防雷装置包括接闪器、引下线和接地装置。

（1）接闪器

避雷针、避雷线、避雷网和避雷带都可作为接闪器，建筑物的金属屋面可作为第一类工业建筑物以外其他各类建筑物的接闪器。这些接闪器都是利用其高出被保护物的突出位置，把雷电引向自身，然后，通过引下线和接地装置，把雷电流泄入大地，以此保护被保护物免受雷击。

（2）避雷器

避雷器主要用来保护电力设备和电力线路，也用作防止高电压侵入室内的安全措施。避雷器正常时处在不通的状态；出现雷击过电压时，击穿放电，切断过电压，发挥保护作用；过电压终止后，迅速恢复不通状态，恢复正常工作。

（3）引下线

引下线一般采用圆钢或扁钢，其尺寸要求与避雷网、避雷带相同。如用钢绞线作引下线，其截面积不得小于 35 mm^2。用有色金属导线作引下线时，应采用截面积不小于 16 mm^2 的铜导线。

（4）防雷接地装置

除独立避雷针外，在接地电阻满足要求的前提下，防雷接地装置可以和其他接地装置共用。防雷接地装置所用材料的电阻应大于一般接地装置的材料。

数据查询

接闪器所用材料应能满足强度和耐腐蚀的要求，还应有足够的热稳定性。接闪器最小尺寸见表20—1。接闪器装设在烟囱上方时，由于烟气有腐蚀作用，应适当加大尺寸。

表20—1　　接闪器常用材料的最小尺寸

类别	规格	圆钢或钢管		扁钢	
		圆钢直径（mm）	钢管直径（mm）	截面积（mm^2）	厚度（mm）
避雷针	针长1 m以下	12	20	—	—
	针长1～2 m	16	25	—	—
	针在烟囱上方	20	—	—	—
避雷网和避雷带	网格6×6～10×10 m	8	—	48	4
	网格在烟囱上方	12	—	100	4

学习心得

第二十一条 电动机的安全运行条件

知识培训

电动机分为直流电动机和交流电动机。交流电动机又分为同步电动机和异步电动机（即感应电动机），而异步电动机又分绕线型电动机和笼型电动机。特种电动机指伺服电动机、脉冲电动机等用于自动控制系统的电动机。

1. 异步电动机的技术参数

异步电动机的铭牌上应标有名称、型号、额定功率、额定电压、额定电流、接法、工作定额、额定转速、频率、防护等级、绝缘等级、重量、出厂日期、出厂编号、生产厂名称等数据。典型铭牌如下：

三相异步电动机			
型号	Y180M—2	标准编号	
功率	22 kW	电压	380 V
电流	42.2 A	接法	△
定额	连续（或 S1）	转速	2940 rpm
频率	50 Hz	绝缘等级	B
防护等级	IP44	重量	180 kg
出厂编号	×××	出厂日期	年　月　日
		××电机厂	

Y 系列电动机型号说明如下：

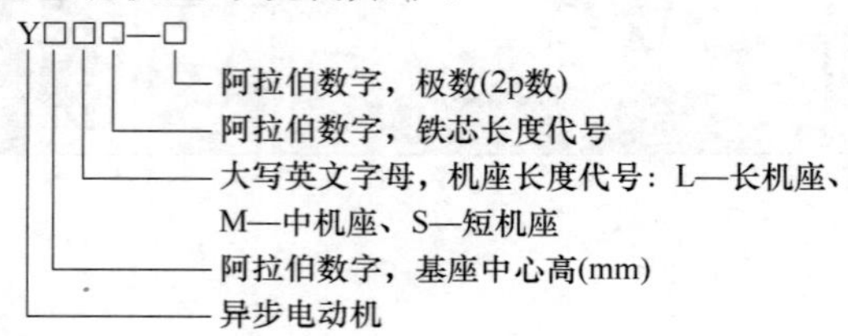

电动机的额定功率是指额定运行条件下转轴上输出的机械功率，单位为 kW。额定电压指线电压，单位为 V。额定电流指线电流，单位为 A。接法应与电压相对应，Y 系列电动机功率 3 kW 及以下的采用星形接法，其他的采用三角形接法。

2. 电动机安全运行条件

新安装的三相笼型异步电动机在投入运行前应检查接法是否正确；与电源电压是否相符；防护是否完好；外壳接零或接地是否良好；绝缘电阻是否合格；各部螺钉是否紧固；盘车是否正常；启动装置是否完好。带负荷前应空载运行一段时间。空载试运行时转向、转速、声音、振动、电流应无异常。

(1) 运行参数

电动机的电压、电流、频率、温升等运行参数应符合要求。电压波动不得超过 -5%～+10%、电压不平衡不得超过 5%。电流不平衡不得超过 10%。当环境温度为 35℃时，电动机的允许温升见表 21—1；环境温度低于 35℃时，电动机功率可增加 (35-t)%，但最多不得超过 8%～10%；环境温度高于 35℃时，电动机功率应降低 (t-35)%。电动机的声音应当轻而均匀。电动机的滑动接触处只允许有不连续的或微弱的火花。电动机振动的双幅值见表 21—2。

表 21—1　　电动机允许温升　　(K)

部位	绝缘等级					测量方法
	A	E	B	F	H	
绕组	70	85	95	105	130	电阻法
铁芯	70	85	95	105	130	温度计法
滑环	70					温度计法

续表

部位	绝缘等级					测量方法
	A	E	B	F	H	
滚动轴承	80					温度计法
滑动轴承	45					温度计法

表21—2　　电动机振动许可值

同步转速/r·min^{-1}	3 000	1 500	1 000	≤750
双振幅值/mm	0.05	0.085	0.10	0.12

（2）绝缘

任何情况下，电动机的绝缘电阻不得低于每伏工作电压1 000 Ω。电动机的各项绝缘电阻允许值见表21—3。

表21—3　　电动机绝缘电阻允许值

额定电压/V	6 000			<500			≤42		
绕组温度/℃	20	45	75	20	45	75	20	45	75
交流电动机定子绕组/MΩ	25	15	6	3	1.5	0.5	0.15	0.1	0.05
绕线型转子绕组和滑环/MΩ	—	—	—	3	1.5	0.5	0.15	0.1	0.05

（3）保护

电动机必须装设短路保护和接地故障保护，并根据需要装设过载保护、断相保护和低电压保护。熔断器、瞬时动作过电流脱扣器、电流继电器可用作短路保护元件。熔断器熔体的额定电流应取异步电动机额定电流的1.5～2.5倍。全压启动和重载启动取用较大的倍数。瞬时动作过电流脱扣器或电流继电器的整定电流应大于电动机的堵转电流。热继电器可用作过载保护元件。热继电器热元件的额定电流应取电动机额定电流的1～1.5倍，其整定值应接近但不小于电动机的额定电流。

（4）维护和维修

电动机应保持主体完整、零部件齐全无损坏，并保持清洁。电动机应定期进行检修和保养工作。日常检修工作包括清除外部灰尘和油污、检查轴承并换补润滑油、检查滑环和整流子并更换电刷、检查接地（零）线、紧固各螺钉、检查引出线连接和绝缘、检查绝缘电阻。启动设备应与电动机同时检修。交流电动机大修后的试验项目包括测量各部位的绝缘电阻，500 kW以上的电动机测量吸收比，定子绕组和绕线型转子进行绕组交流耐压试验（40 kW以下只摇测绝缘电阻）、定子绕组极性测定、空载试验，高压500 kW以上者进行直流耐压试验。

（5）资料

除原始技术资料外，还应建立电动机运行记录、试验记录、检修记录等资料。

学习心得

第二十二条 使用手持电动工具的安全要求

知识培训

1. 电气设备触电防护分类

按照触电防护方式不同，电气设备分为以下五类：

(1) 0类

0类设备仅仅依靠基本绝缘来防止触电。基本绝缘是指加在带电体上，提供基本保护以防止触电的绝缘。0类设备的外壳可以用绝缘材料制成。这时，外壳本身构成全部基本绝缘，或构成基本绝缘的一部分。0类设备的外壳也可以用金属材料制成。这时，外壳与其内部带电部件之间有基本绝缘隔开。0类设备上的不带电金属部件与配电网的保护导体之间没有电气连接。0类设备外壳上和内部的不带电导体上都没有接地端子。0类设备可以有双重绝缘或加强绝缘的Ⅱ类结构部件；也可以有在超低安全电压下工作的Ⅲ类结构的部件。

(2) 0Ⅰ类

0Ⅰ类设备也是依靠基本绝缘来防止触电的，也可以有双重绝缘或加强绝缘的部件，以及在安全电压下工作的部件。但是，这种设备的金属外壳上装有接地（零）的端子，不提供带有保芯线的电源线。

(3) Ⅰ类

Ⅰ类设备除依靠基本绝缘外，还有一个附加的安全措施。基本绝缘失效后，可能意外带电的金属部件不致带来触电的危险。接零和接地都可用作这种设备的附加安全措施。Ⅰ类设备外壳上没有接地端子，但内部有接地端子，自设备内引出带有保护插头的电源线。电源线有专用的保护芯线。Ⅰ类设备带有全部或部分金属外壳，所用电源开关为全极开关。Ⅰ类设备也可以有双重绝缘或加强绝缘的Ⅱ类结构部件，也可以有在超低安全电压下工作的Ⅲ类结构部件。

（4）Ⅱ类

Ⅱ类设备具有双重绝缘和加强绝缘的安全防护措施。按外壳构成，Ⅱ类设备分为三类。第一类是绝缘外壳的Ⅱ类设备。这类设备除了铭牌、螺钉、铆钉等小物件外，所有金属部件都在基本上连成一体的绝缘外壳内。该外壳构成补充绝缘或加强绝缘的一部分或全部；第二类是金属外壳的Ⅱ类设备。这类设备有基本上连成一体的金属外壳，其内最好采用双重绝缘，不得已时可采用加强绝缘；第三类是兼有以上两类外壳的复合型Ⅱ类设备。Ⅱ类设备可以有在超低安全电压下工作的Ⅲ类结构部件。

（5）Ⅲ类

Ⅲ类设备依靠超低安全电压供电以防止触电。Ⅲ类设备内不得产生高出安全电压的电压。

2. 手持电动工具的危险性

手持电动工具包括手电钻、手砂轮、冲击电钻、电锤、手电锯等工具，手持电动工具没有0类和0Ⅰ类产品，市售产品基本上都是Ⅱ类设备。手持电动工具和移动式电气设备是触电事故较多的用电设备，事故较多的主要原因是：

（1）这些工具和设备是在人的紧握之下运行的，人与工具之间的接触电阻小，一旦工具带电，将有较大的电流通过人体，容易造成严重后果；同时，操作者一旦触电，由于肌肉收缩而难以摆脱带电体，也容易造成严重后果。

（2）这些工具和设备有很大的移动性，其电源线容易受拉、磨而损坏，电源线连接处容易脱落而使金属外壳带电，导致触电事故。

(3) 这些工具和设备没有固定的工位，运行时振动大，而且可能在恶劣的条件下运行，本身容易损坏而使金属外壳带电，导致触电事故。

3. 手持电动工具和移动式电气设备的安全使用条件

一般场所，手持电动工具应采用Ⅱ类设备。在潮湿或金属构架上等导电性能良好的作业场所，必须使用Ⅱ类或Ⅲ类设备。在锅炉内、金属容器内、管道内等狭窄的特别危险场所，应使用Ⅲ类设备；如果使用Ⅱ类设备，则必须装设额定漏电动作电流不大于15 mA、动作时间不大于0.1 s漏电保护器；而且，Ⅲ类设备的安全隔离变压器、Ⅱ类设备的漏电保护器以及Ⅱ、Ⅲ类设备控制箱和电源连接器件等必须放在外面。

规章制度

使用手持电动工具应当注意以下安全要求：

(1) 辨认铭牌，检查工具或设备的性能是否与使用条件相适应。

(2) 检查其防护罩、防护盖、手柄防护装置等有无损伤、变形或松动。不得任意拆除机械防护装置。

(3) 检查电源开关是否失灵、是否破损、是否牢固、接线有无松动。

(4) 检查设备的转动部分是否灵活。

(5) 电源线应采用橡皮绝缘软电缆：单相用三芯电缆、三相用四芯电缆；电缆不得有破损或龟裂、中间不得有接头；电源线与设备之间的防止拉脱的紧固装置应保持完好。设备的软电缆及其插头不得任意接长、拆除或调换。

（6）Ⅰ类设备应有良好的接零（或接地）措施。使用Ⅰ类手持电动工具应配用绝缘用具或采取电气隔离及其他安全措施。

（7）绝缘电阻合格，带电部分与可触及导体之间的绝缘电阻Ⅰ类设备不低于2 MΩ、Ⅱ类设备不低于7 MΩ。长期未使用的设备，在使用前必须测量绝缘电阻。

（8）根据需要装设漏电保护装置或采取电气隔离措施。

（9）非专职人员不得擅自拆卸和修理手持电动工具。Ⅱ类和Ⅲ类手持电动工具修理后不得降低原设计确定的安全技术指标。

（10）用毕及时切断电源，并妥善保管手持电动工具。

学习心得

第二十三条 电热设备运行安全注意事项

知识培训

电热设备是把电能转换为热能的设备。电热设备除用于焊接、熔炼、照明等工作外，还可用于金属加工。生产和生活中还广泛应用于小电炉、电烙铁、电熨斗、电热毯等电热器具。电热设备常具有工作电流大、运行温度高、带电体可能暴露在外等特点。

1. 电焊设备

焊接是利用加热或加压，或两者并用，使焊件金属达到原子结合的一种加工方法。焊接方法按焊接过程分为三种：熔焊、压焊和钎焊。熔焊是在焊接过程中，将焊件接头加热至熔化状态，不加压力完成焊接的方法，如电弧焊、气焊等；压焊是在焊接过程中，必须对焊件施加压力（加热或不加热）的焊接方法，如电阻焊、摩擦焊等；钎焊是采用比母材熔点低的金属材料作钎料，将焊件和钎料加热到高于钎料熔点、低于母材熔点的温度，利用液态钎料润湿母材、填充接头间隙并与母材相互扩散，实现连接的焊接方法，如锡焊、铜焊、银焊等。

焊接方法按热源类型分为电弧焊、气焊、电阻焊、摩擦焊、电子束焊和激光焊等。电弧焊是利用电弧作为热源，局部加热并熔化焊件金属完成焊接的方法；气焊是利用气体火焰作为热源的熔焊方法；电阻焊是利用电流通过焊件接头的接触面及邻近区域产生的电阻热作为热源加热焊件，并在施加压力下完成焊接的方法；摩擦焊是利用焊件表面相互摩擦所产生的摩擦热作为热源，加热焊件，使端面达到塑性状态，然后施加压力迅速顶锻，完成焊接的方法；电子束焊是利用加速和聚焦的电子束轰击置于真空或非真空中的焊件产生热能进行焊接的焊接方法；激光焊是以聚焦的激光束作为能源轰击焊件产生的热量进行焊接的焊接方法。

用手工操作焊条进行焊接的电弧焊称为手工电弧焊。手工电弧焊应用很广。手工电弧焊设备由弧焊机、软导线、焊钳等组件组成。直流弧焊机或者是差复励的直流发电机，或者是带有磁放大器的硅整流器；交流弧焊机是一种专用的变压器。

交流弧焊机的工作原理如图 23—1 所示。变压器 T 二次侧的空载电压多为 60～75 V，有的还稍高一些。电抗器 L 是用来限制和调节焊接电流的。当焊条与工件之间产生电弧时，二次回路流过数十至数百安的电流，在电抗器上产生较高的电压降，使得焊钳与工件之间的工作电压维持在 30 V 左右。电抗器 L 是可调的，以适应调节焊接电流的需要。电抗器 L 的调节，有的是移动铁芯的位置，有的是移动线圈的位置，也有的是改变线圈的抽头。

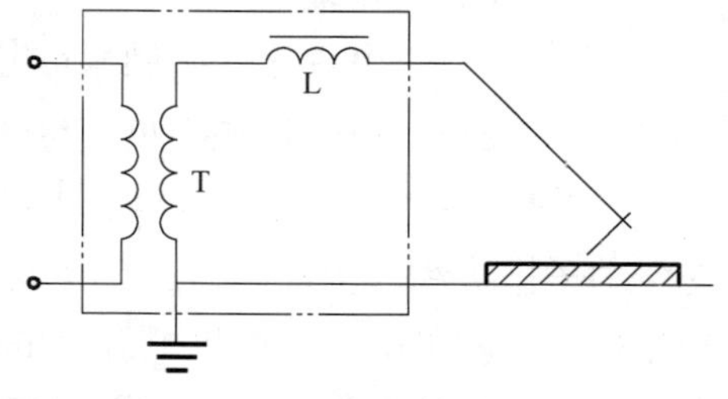

图 23—1　交流弧焊机原理

电弧熄灭时焊钳电压较高，为了防止触电及其他事故，电焊工人应当戴帆布手套、穿胶底鞋。在金属容器中工作时，还应戴上头盔、护肘等防护用品。电焊工人的防护用品还应能防止烧伤和射线伤害。

在高度触电危险环境中进行电焊时，为了避免触电事故，可以安装空载自停装置。空载运行次数较多和空载持续时间超过 5 min 的中小型电焊机，宜装设空载自停装置。空载自停装置能保证熄灭电弧，更换焊条时，弧焊机自动断电，消除触电危险，还能减少变压器的空载损耗，改善功率因数。

弧焊机二次侧线路经常流过很大的电流，而且需要经常移动，线路容易受到破坏。为了安全，二次侧线路最好采用两条绝缘线。固定使用的弧焊机的电源线与普通配电线路同样要求；移动使用的弧焊机的电源线应按临时线处理。二次侧线宜采用橡皮套软线。二次侧线应保持适当的高度；长度一般不应超过30 m；否则，应验算电压损失。

弧焊机的电源线上应装设有隔离电器、主开关和短路保护电器。弧焊机一次侧熔体的额定电流应小于电源线导线的允许电流。单台交流弧焊变压器采用熔断器保护时，熔体的额定电流按下列公式确定：

$$I_{FU} = K_C I_{1N} \sqrt{\varepsilon}$$

式中 I_{FU}——熔断器熔体的额定电流，A；

K_C——计算系数，一般取1.25；

I_{1N}——电焊机一次侧额定电流，A；

ε——电焊机额定负载持续率，%。

弧焊机一次侧额定电压应与电源电压一致，接线应正确，应经端子排接线。多台焊机应尽量均匀地分接于三相电源，以尽量保持三相平衡。电焊机电源线的载流量不应小于电焊机的额定电流；断续工作制的电焊机的额定电流应为其额定负载持续率下的额定电流。

电焊机和其他设备一样，外露导电部分应采取保护接零（或接地）措施。为了防止高压窜入低压造成危险和危害，交流弧焊机二次侧应当接零（或接地）。但必须注意二次侧接焊钳的一端是不允许接零或接地的，二次侧的另一条线也只能一点接零（或接地），以防止部分焊接电流经其他导体构成回路。

为了避免有害的环流，有条件时最好把焊件与大地隔绝开来。

安装前应检查弧焊机是否完好；绝缘电阻是否合格（一次侧绝缘电阻不应低于 1 MΩ、二次侧绝缘电阻不应低于 0.5 MΩ）。弧焊机应安装在干燥、通风良好处；不应安装在易燃易爆环境、有腐蚀性气体的环境、有大量粉尘的环境或剧烈振动的环境；并应避开高温、水池处。室外使用的弧焊机应采取防雨雪、防尘措施。工作地点远离易燃易爆物品，下方有可燃物品时应采取适当安全措施。移动焊机必须停电进行。

2. 电热器具

电热器具的核心元件是电热部件的控温元件。按照电热元件不同，可将电热器具分为电阻式、红外式、感应式和微波式四类。电阻式电热器具是利用电阻元件通过电流时发出热量来进行工作的。电阻式电热器具都采用间接加热方式，即电流不通过欲加热的物体，而流过高阻值的电热元件，并使之加热，然后将热量传递给邻近的欲加热物体。采用这种方式，虽然热传递过程中的损失较大，效率较低，但使用比较安全；红外式电热器具是先利用电阻发热体通电后加热红外辐射体，再由该辐射体发出红外线加热欲加热物体。红外式电热器具效率很高，可以在很短时间内完成加热过程；感应式电热器具是利用交变磁场中感应电流所产生的热量来进行工作的。其高频线圈能产生很强的交变磁场，并在器皿内部产生很大的涡流，从而产生足够的热量。被加热物体直接与发热器皿接触，因而热效率很高；微波式电热器具是利用频率数百兆赫至数千兆赫的电场使被加热介质分子间发生强烈摩擦与碰撞，将电场能转化为热能来进行工作的。微波电场越强、频率越高，则加热越快。微波式电热器具是从被加热物体内部产生热量，因此，加热快、效率高、安全可靠性好，且不影响环境温度。

(1) 防触电措施

电热器具也采用保护接地或保护接零等措施防止间接接触电击；采用绝缘等措施防止直接接触电击。在运用时，应注意电热器具的运行特点。

连接高温发热元件的导体的绝缘应采用瓷、石棉、云母等不可燃材料制成的耐热绝缘，而不能采用橡胶、塑料等热塑性绝缘材料，也不能采用胶木、硬木等易于炭化的热固性绝缘材料。

对于电热毯、取暖器、电热套、电热鞋、电热垫等个人取暖电器，由于与人体直接接触，一旦绝缘破坏，带电体外露后的危险性很大，加之这些器具很难甚至无法采取接地或接零措施，必须采用加强绝缘的保护方式。使用时，应防止金属利器刺入电热毯等用纤维织物做成的绝缘保护套；不应经常折叠，以免影响电热丝的强度和抗曲折性能，造成电热丝断裂，刺破绝缘层。鉴于个人取暖器具危险性较大，为防止意外事故，除采取加强绝缘的措施外，在条件许可时，应采用安全电压的器具或电气隔离的手段，也可装设漏电保护装置作为附加保护。

对使用中的电热器具，应经常检查和清扫。消除积尘不但有利于防止漏电，还可以防止积尘受潮造成短路，引起火灾。

(2) 防火措施

电热器具防火比其他电气设备更为重要。防火间距和短路保护是电热器具防火的重点问题。

由于电热器具是利用电能转换为热能来进行工作的，所以工作时温度都比较高，有的能达到数百度至上千度，这样高的温度很可能烤燃邻近的易燃物品。

电热器具周围不得有不利于通风的障碍物，以防热量积累。必须保证电热器具与可燃物保持足够的距离。不得将电热器具放在可燃物（如木桌、木椅）上使用；也不能放在下面有可燃物的铁板上使用，以防可燃物受热起火。

不得在无人照管的情况下接通电热器具，用完后应及时切断电源。如使用中意外停电，一定要注意切断电源。对于使用后要收藏的电炉、电熨斗、电烙铁等温度高、热容量大的器具，必须静置一段时间，待冷却后再包装。

电热器具内部短路既会损坏器具，又可能引起火灾。这类事故在电热器具事故中占有很大的比例，尤以电热毯、电热炊具的短路事故最多。

为避免短路事故，除应严格地选用合格产品，在使用前认真检查电热器具是否有缺陷，并弄清使用方法外，还应按照安全要求选用熔断器熔体等配件。熔断器是防止日用电器过载、短路的保护元件。由于电热器具的启动电流接近于工作电流，熔体应按工作电流选择。

在电热器具的使用过程中，应防止电阻式电热丝集结造成局部过热，损坏绝缘而引起短路；防止带电部分溅水或浸入水中；防止电热炊具干烧，以免烧坏绝缘；不得损坏电热元件，以防短路。使用完毕，应将器具放在通风、周围无易燃物的地方，使其自然冷却，而不能用水冲洗，更不能将器具浸入水中。器具冷却后，应当用干布擦拭干净，存放在干燥的地方，以免受潮而降低电热器具的绝缘性能。

学习心得

第二十四条 低压配电线路作业的安全要求

知识培训

1. 低压配电装置安全

低压配电装置包括低压配电柜、配电箱等成套装置。

就整体结构来看，低压配电柜有固定式、抽屉式和手车式等三种类型。低压配电装置除应满足正常条件下电压、电流等要求外，还应满足短路条件下动稳定和热稳定的要求。

配电装置的布置，应考虑设备的操作、搬运、检修和试验的方便。成排布置，长度超过 6 m 者，柜后通道应有两个通向本室或其他房间的出口，并宜布置在通道的两端。当两出口之间的距离超过 15 m 时，其间还应增加出口。

成排布置的配电柜的通道长度见表 24—1。低压配电室通道上方裸带电体距地面的高度，柜前通道不应低于 2. 5 m，加护网后，护网最低高度不应低于 2. 2 m；柜后通道不应低于 2. 3 m，否则应加遮栏，加遮栏后的高度不应低于 1. 9 m。

表 24—1　　配电柜通道　　(m)

类别	单排布置		双排对面布置		双排背对背布置		多排同向布置	
	柜前	柜后	柜前	柜后	柜前	柜后	柜前	柜后
固定式	1.5	1.0	2.0	1.0	1.5	1.5	2.0	—
抽屉式和手车式	1.8	0.9	2.3	0.9	1.8	1.5	2.3	—
控制柜	1.5	0.8	2.0	0.8	—	—	2.0	—

配电箱分为动力配电箱和照明配电箱，插座箱、电度表箱等也具有配电箱的一些特征。配电箱宜用不可燃材料制作。配电箱有落地式安装、嵌入式安装、半嵌入式安装、悬挂式安装等安装方式。嵌入式安装属于暗装方式。

配电箱内母线应涂有相色标志。配电箱后面的配线应排列整齐，绑扎成束，并用卡钉固定。箱后引出线和引入的导线应留出适当余度，以便检修。导线穿过铁板时应装橡皮护套。配电箱二次回路应使用截面积不小于 2. 5 mm^2 铜芯绝缘导线。垂直装设的开关、熔断器等电器应上端接电源，下端接负荷。工作零线在端子排上的分路排列应与熔断器的位置相对应。

箱内各种开关处于断路状态时，刀片及可动部分原则上不应带电。明装配电盘上的电器应有外壳保护，带电部分不得裸露。

如有工作零线且有接地（零）的要求，箱内应分别装有 N 线端子排和 PE 线端子排；引入线处及末端配电盘处 PE 线应做重复接地；配电箱的金属构架、金属外壳等接地（零）应良好。

2. 低压配电线路常用的保护方式

短路保护、过载保护、失压保护是最常用到的低压配电线路保护方式。

（1）短路电流极大，破坏性很强。因此，发生短路时，应瞬时切断电源。短路保护就是线路或设备发生短路时，迅速切断电源的一种保护方式。熔断器、电磁式过电流继电器和脱扣器是常用的短路保护元件。

（2）过载保护是当线路或设备的载荷超过允许范围时，能延时切断电源的一种保护方式。热继电器和热脱扣器是常用的过载保护元件。熔断器可用作照明线路或其他没有冲击载荷的线路或设备的过载保护元件，具有延时特性的电磁式过电流继电器也可作为线路和设备的过载保护元件。

（3）失压保护是当电源电压消失或低于某一限度时，能自动断开线路的一种保护方式。其作用是当电压恢复时，设备不致突然启动，造成事故；同时，能避免设备在过低的电压下勉强运行而损坏。失压保护由失压脱扣器、接触器等元件完成。

低压保护电器主要包括熔断器、热继电器、电磁式过电流继电器和电压继电器以及低压断路器、减压启动器、电磁启动器里安装的各种脱扣器。继电器和脱扣器的区别在于，前者带有触头，通过触头进行控制；而后者没有触头，直接由机械运动进行控制。

规章制度

照明配电的一般安全原则：

（1）由公共低压配电网配电的照明负荷，线路电流不超过30 A时可用220 V单相配电，30 A以上应采用三相四线配电。

（2）一般照明的电源采用220 V电压。在特别潮湿的场所、高温场所、有导电灰尘的场所或有导电地面的场所，对于容易触及而又无防止触电措施的固定式灯具，其安装高度不足2. 2 m时，应采用24 V安全电压。

（3）室内每一照明支路上熔断器熔体的额定电流不应超过20 A；每一照明支路上所接灯具，原则上不超过25盏，但花灯、彩灯、多管荧光灯不受此限。

（4）照明配线应采用额定电压500 V的绝缘导线。凡重要的政治活动场所、易燃易爆场所、重要的仓库均应采用金属管配线。

（5）建筑物照明电源线路的进户处，应装设带有保护装置的总开关。配电箱内单相照明线路的开关必须采用双极开关；

照明器具的单极开关必须装在相线上。

(6) 高压气体放电灯的照明，每一单相分支回路的电流不宜超过30 A，并应按启动及再启动特性，选择保护电器和验算线路的电压损失值。

(7) 应急照明的电源，应区别于正常照明的电源。应急照明线路不能与动力线路或照明线路合用，必须有自己的供电线路。应急照明应根据需要选择切换装置。

凡有触电危险的环境里的局部照明灯和手持照明灯（行灯），应采用36 V或24 V安全电压。在金属容器内、水井内、特别潮湿的地沟内等特别危险的环境使用的手持照明灯，应采用12 V安全电压。手持照明灯应有完整的保护网，应有隔热、耐湿的绝缘手柄。

学习心得

第二十五条 电工检修的安全技术措施

知识培训

检修安全技术措施指停电、验电、装设临时接地线、悬挂标示牌和装设临时遮栏等安全技术措施。应当按照工作票和操作票完成各项安全技术措施；完成过程中应有人监护；操作时，工作人员应配用相应的安全用具。

1. 停电

检修工作中，如人体与设备带电体之间的距离10 kV及以下者小于0.35 m、20～30 kV者小于0.6 m时，该设备应当停电；如距离大于上述数值，但分别小于0.7 m和1 m，则应设遮栏，否则也应停电。

应注意所有能给检修部位送电的线路均应停电，并采取防止误合闸的措施，而且每处至少应有一个明显可见的断开点。对于多回路的控制线路，应注意防止其他方面突然来电，特别应注意防止低压方面的反送电。为此，停电时应将有关变压器和电压互感器的高压边和低压边都断开。对于柱上变压器，应取下跌开式熔断器的熔丝管。对于运行中的工作零线，应视为带电体，并与相线采取同样的安全措施。

2. 验电

(1) 验电的必要性

验电的基本作用是确认设备有无电压。对已停电的线路或设备，不论其经常接入的电压表或其他信号是否指示无电，均应进行验电。只有用合格的验电器验明无电才能作为无电的依据。接在线路中的电压表无指示，或信号指示断开状态，或用电设备合闸后不运转只能作为无电的参考，而不能作为无电的依据。这是因为完成停电操作的步骤后，设备还存在着以下意外带电的可能性。

1）工作票、操作票不完备，遗漏停电范围。

2）操作人员失误，遗漏操作步骤。

3）开关本身、操作机构、传动机构故障，未能完成分闸。

4）停电后意外来电。

（2）验电的安全注意事项

1）验电前必须先完成停电操作。

2）验电操作必须有人监护。

3）验电时应注意保持各部分安全距离，防止短路。

4）对于电缆等有较大电容的设备，停电后可能残留电荷较多，如验试有电，应等待数几分钟再次验电，以区别是残留电荷还是电网电压。

5）表示设备断开的常设信号或标志，表示允许进入间隔的信号，以及接入的电压表指示，只能作为无电的参考，不能作为无电的根据。

（3）带电显示器观察

带电显示器由感应器、连接导线和电子显示装置组成（见图 25—1）。

图 25—1　带电显示器

应用带电显示器应注意的问题是：

1）经国家有关部门鉴定合格的产品，且运行良好的带电显示器，可作为线路有电或无电的依据。

2）如拉开断路器前显示器三相监视灯全亮，拉开断路器后显示器三相监视灯全灭，即可认为线路无电。

3）如拉开断路器前显示器三相监视灯全亮，断路器掉闸后显示器三相监视灯全灭，即可认为线路无电。

4）在填写和执行倒闸操作票时，应将观察显示器的三相监视灯作为一个步骤列入操作票。

5）如发现显示器不能正常显示，应及时更换；在未恢复正常前，该带电显示器不得作为无电依据。

3. 装设临时接地线

为了防止给检修部位意外送电和产生可能的感应电，应在被检修部分的外端（开关的停电侧或停电的导线上）装设临时接地线。临时接地线使线路构成三相对地短路的状态。其安全作用是：

（1）防止检修线路或检修设备突然来电。

（2）防止检修线路或检修设备上产生感应电。

（3）将临时接地线用作放电工具，放尽残留电荷。

在检修工作中，凡是可能给检修线路或检修设备突然送电的部位或可能产生感应电压的部位，均应装设临时接地线。分段母线在断路器或隔离开关断开时，各段应分别装设临时接地线。

4. 标示牌和临时遮栏的使用

（1）标示牌的使用

标示牌的作用是提醒人们注意安全，防止出现不安全行为。

例如，室外高压设备的围栏上应悬挂“止步，高压危险!”的警告类标示牌，被检修设备的开关手柄上应悬挂“禁止合闸，有人工作!”的禁止类标示牌，在检修地点应悬挂“在此工作”的提示类标示牌等。

使用标示牌应注意的问题：

1）标示牌的悬挂地点、数量应与工作票的要求一致。

2）“禁止合闸，线路有人工作”的标示牌悬挂的数量应与参加工作班组数相同。

3）装设临时接地线后，应立即挂上“禁止合闸，有人工作!”“已接地!”等类型的相关标示牌；拆除时，必须拆除临时接地线后再取下标示牌。

4）工作人员在工作过程中不得取下标示牌。

（2）遮栏的使用

遮栏的作用是防止工作人员无意识过分接近带电体。在部分停电检修和不停电检修时，应将带电部分拦起来，以保证检修人员的安全。使用临时遮栏应注意的问题：

1）10 kV 部分停电工作时，临时遮栏与带电部分的距离不应小于 0. 35 m。

2）临时遮栏上应悬挂“止步，高压危险!”的标示牌。

3）工作人员在工作中不得移动、拆除或越过遮栏。

标准操作

1. 停电操作顺序

（1）对于低压断路器或接触器与刀开关串联安装的开关组，

停电时应先拉开低压断路器或接触器，后拉开刀开关；送电时操作顺序相反。

（2）对于高压操作，停电时应先拉开断路器，后拉开隔离开关；送电时操作顺序相反。

（3）如果断路器的电源侧和负荷侧都装有隔离开关，停电操作时拉开断路器之后，应先拉开负荷侧隔离开关，后拉开电源侧隔离开关；送电时应依次合上电源侧隔离开关、负荷侧隔离开关、断路器。

（4）对于有较大电容的电气设备或电气线路，停电后还须进行放电，以消除被检修设备上残存的电荷。放电应用配有专用导线的绝缘棒操作，或用临时接地线操作，或用专用的接地刀闸操作。放电时人体不得与带电体接触。电容器和电缆可能残存的电荷较多，最好有专门的放电装置。

2. 验电步骤

（1）备齐绝缘手套等安全用具及其他需要的工具，并检查其是否完好。

（2）选用合格的验电器，检查验电器是否完好，并先在有电部位验试其是否良好。

（3）双手戴上绝缘手套，将验电器逐渐接近带电体，至指示为止。

（4）在检修设备所有连接外电源的部位分别验电。联络用的断路器或隔离开关检修时，应在其两侧验电。

（5）由近到远，逐相验试。

（6）在多种电压、多个层次的场合，先验低压，后验高压；先验下层，后验上层；先验负荷侧，后验电源侧。

3. 临时接地线装设步骤

（1）装设检查临时接地线是否完好。

（2）装、拆临时接地线应使用绝缘杆，戴绝缘手套操作，并应由二人执行。单人值班者，只允许使用接地隔离刀闸。

（3）先验明无电后方可挂装临时接地线。

（4）挂装临时接地线时应先接接地端（接地必须良好），后接相线导体端；拆除时顺序相反。

（5）对于多层线路，应先装低压、后装高压，先装下层、后装上层；拆除时顺序相反。多组临时接地线应编号。

（6）临时接地线应装设在检修部位工作人员的外侧；在硬母线上挂临时接地线时，相线端应接在没有相色漆覆盖的专用位置。

（7）临时接地线与检修的线路或设备之间不得接有断路器或熔断器。

（8）临时接地线应装设在明显可见之处。

（9）临时接地线的接线夹应完好，连接应牢固。

（10）挂装好的临时接地线不得承受自重以外的拉力。

（11）临时接地线与带电体之间的距离应符合安全距离的要求。

（12）不得用缠结短路法代替临时接地线。

学习心得

第二十六条 电工检修作业中的安全管理

工作票填写符合事实，可以操作了！

甲准备进入管道内进行维修，乙充当监护员正在对工作票进行核实。

我准备好之后给你信号再送电！

好的。

甲手提手砂轮机进入管道。

监护员接电话。

监护员走远了，乙走了过来将电闸合上。

知识培训

严格执行各项规章制度是保证检修安全作业的基本条件。最常见的检修安全制度是工作票制度，工作许可制度，工作监护制度，工作间断、转移和终结制度。

1. 工作票制度

（1）工作票种类

工作票有两种，即停电作业工作票和不停电作业工作票。

（2）工作票应用范围

在高压设备或高压线路上工作需要全部停电或部分停电者，以及在高压室内的二次回路和照明等回路上的工作，需要高压设备停电或需要采取安全措施者，应填用停电作业工作票。

在带电作业或带电设备外壳上的工作，在控制盘、低压配电盘、配电箱、电源干线上的工作，以及在无须高压设备停电的二次回路上的工作等情况下，应填用不停电作业工作票。

紧急事故处理可不填用工作票，但应履行工作许可手续，并执行监护制度及其他有关安全工作的制度。

不必填用工作票的检修工作应执行口头命令或电话命令。口头或电话命令必须清楚、准确。值班员应将发令人、负责人及工作任务详细记入记录簿上，并向发令人复诵核对一遍。

（3）工作票主要人员的任务与工作票的执行

工作票签发人应由熟悉情况的生产领导人担任。工作票签发人必须对工作人员的安全负责，应在工作票中填明应拉开开关、应装设临时接地线及其他所有应采取的安全措施。

工作负责人由维修班长担任。工作负责人应在工作票上填写检修项目、工作地点、停电范围、计划工作时间等有关内容，必要时应绘制简图。

工作许可人由值班长担任。工作许可人应按工作票停电，并完成所有安全措施。然后，工作许可人应向工作负责人交代并一起检查停电范围和安全措施，并指明带电部位，说明有关安全注意事项，移交工作现场，双方签名后才许可工作。

工作完毕后，工作人员应清理现场、清查工具。工作负责人应清点人数，带领撤出现场，将工作票交给工作许可人，双方签名后检修工作才算结束。值班人员在送电前还应仔细检查现场，并通知有关单位。

工作票应编号，每次使用一式两份。工作完毕后，一份由工作许可人收存、一份交回给工作票签发人。已结束的工作票，须保存三个月。

2. 工作许可制度

工作许可人完成检修现场的有关安全措施后，还应完成以下事宜：

(1) 会同工作负责人到现场再次检查所实施的安全措施，用手触试，证明被检修部位确已无电。

(2) 给工作负责人指明带电设备的位置和注意事项。

(3) 与工作负责人一起在工作票上分别签名。

完成上述许可手续后，工作人员方可开始工作。工作负责人、工作许可人的任何一方不得擅自变更安全措施；值班人员不得变更被检修设备的运行接线方式；工作中遇到特殊情况需要变更时，必须先取得有关方面的同意。

3. 工作监护制度

工作监护制度是保障检修工作人员人身安全和正确操作的基本措施。监护人应由技术级别较高、熟悉现场的人员担任。

监护人不得不暂时离开现场时，应指定合适的人代理监护工作。监护人的主要职责是：

（1）监护人应检查各项安全措施是否正确和完善，是否与工作票所填写项目相符。

（2）监护人应组织现场工作，并向工作人员交代清楚工作任务、工作范围、带电部位及其他安全注意事项。

（3）监护人应始终留在现场，对工作人员认真监护。监护所有工作人员的活动范围和实际操作：工作人员及其所携带工具与带电体（或接地导体）之间是否保持足够的安全距离；工作人员站位是否合理、操作是否正确。监护人如发现工作人员的操作违反规程，应及时纠正，必要时令其停止工作。

（4）监护人应制止任何工作人员单独留在室内或检修区域内，并随时制止其他无关人员进入检修区域。

全部停电检修时，监护人可以参加检修工作；部分停电检修时，只有在安全措施可靠，工作人员集中在一个工作地点，不会因过失酿成事故的情况下，监护人才可以参加检修工作；不停电检修时，监护人不得参加检修工作。

4. 工作间断、转移和终结制度

工作间断时，工作人员应从检修现场撤出，所有安全措施应保持不动，工作票仍由工作负责人收执。间断后继续工作，不需通过工作许可人。每日收工，应清理检修现场，开放被封闭的通道，并将工作票交值班人员收执。次日复工时，应得到值班人员许可，取回工作票。复工之前，工作负责人还应检查各项安全措施是否与工作票相符，确认相符后方可开始工作。若无工作负责人带领，工作人员不得进入检修现场。

在同一电气连接部分用同一工作票依次在几个工作地点转

移检修工作时，全部安全措施应由值班人员在开工前一次做好，不需办理转移手续；但转移工作地点之前，工作负责人应向工作人员再次交代带电范围、安全措施等注意事项。

全部工作完毕后，工作人员应清扫、整理现场。工作负责人应仔细检查现场，待工作人员全部撤离现场后，再向值班人员讲清所检修项目、发现的问题、试验结果和存在的问题，并与值班人员共同检查设备状况，有无遗留物件，现场是否清洁等，然后在工作票上填明终结时间，经双方签名后，工作票方告终结。

学习心得

第二十七条 倒闸操作的安全要求

知识培训

倒闸操作就是将电气设备由一种状态转换到另一种状态的操作。操作票制度是保证正确和安全地进行停、送电等倒闸操作的可靠保证。

1. 倒闸操作的基本安全要求

(1) 倒闸操作应根据调度的命令进行。

(2) 凡属供电部门调度的设备，均应按供电部门调度员的操作命令操作，用电单位不得自行并路；不受供电部门调度的双电源用电单位，严禁并路。

(3) 高压倒闸操作应填用操作票。事故处理、拉合断路器的单一操作、拉开接地刀闸或拆除本单位仅有的一组接地线允许不使用操作票，但应将操作项目记入操作记录簿上。

(4) 倒闸操作应尽量不影响或少影响系统的正常运行和对用户的供电。

(5) 倒闸操作必须由两人执行。其中对设备较熟悉的一人作监护人。单人值班变电所的倒闸操作可由一人执行。特别重要和复杂的倒闸操作，由熟练的值班员操作，值班负责人或值班长监护。

(6) 开始操作前，应先在模拟图板上进行核对性模拟预演，无误后再进行设备操作。操作前应核对设备名称、编号和位置。

(7) 操作中应认真执行监护复诵制。发布操作命令和复诵命令都应严肃认真，必须按操作票填写的顺序逐项操作，每操作完一项，检查无误后做一个“√”记号，全部操作完毕后进行复查。

(8) 操作中发生疑问时，应立即停止操作并向值班调度员或值班负责人报告，弄清问题后再进行操作。不准擅自更改操作票，不准随意解除闭锁装置。

(9) 倒闸操作过程中，用绝缘杆拉合隔离开关或经传动机构拉合隔离开关或断路器时应戴绝缘手套。雨天操作室外高压设备时，绝缘杆应有防雨罩，并穿绝缘靴操作。遇雷雨天气不得进行室外倒闸操作。装卸高压熔断器应戴护目眼镜和绝缘手套。必要时使用绝缘夹钳，并站在绝缘垫或绝缘台上操作。

(10) 使用完的操作票应注明“已执行”的字样，并保存三个月。

2. 倒闸操作程序

(1) 接受倒闸操作命令

应由上级批准的人员接受调度命令；受令人应自报站名和姓名，问清发令人姓名；受令人应记录发令人姓名、下令时间、操作任务、安全注意事项；受令人应将记录的全部内容向发令人复诵一遍，并得到发令人认可。对调度命令有疑问时，应与发令人共同研究，不得擅自处理。

(2) 准备工作

由值班长组织值班人员做好以下准备工作：

1) 明确操作任务和停电范围。

2) 拟定操作顺序，确定接地线部位、组数及应设的遮栏、标示牌；明确工作现场临近带电部位，并制定相应的安全措施。

3) 分析倒闸操作可能遇到的问题及其预防措施。

4) 明确人员分工。

5) 填写操作票草稿，并由值班长审核、批准。

(3) 填写操作票

操作人填写操作票，将调度命令填入任务栏。操作票填写后，由操作人和监护人共同复查，并经值班长审核无误后，分别签字，并填入开始操作时间。

(4) 模拟板核对操作

与监护人一起进行在模拟板上的核对操作。

(5) 现场操作

1) 监护人按设备调度编号下达操作指令。

2) 操作人手指操作部位，重复指令，监护人审核无误后，下达“执行”命令。

3) 操作人执行操作。

4) 监护人和操作人共同检查操作质量。

5) 监护人在本操作步骤顺序号前面的指定部位画“√”后，再通知操作人下一步操作内容。

(6) 质量检查与操作结束

对于远方操作的设备，必须到现场检查；检查完毕后在操作票上填入结束时间。

标准操作

1. 送电安全操作程序要领

(1) 检查为检修装设的各种临时安全措施和临时接地线是否完全拆除。

(2) 检查有关的继电保护和自动装置是否已经按规定接入。

(3) 检查断路器是否在分闸位置。

(4) 合上操动能源、装上断路器控制回路直流熔断器。

(5) 合上电源侧隔离开关。

(6) 合上负荷侧隔离开关。

(7) 合上断路器。

(8) 检查送电后的电压、负荷是否正常。

2. 停电安全操作程序要领

(1) 检查有关仪表指示是否允许拉闸。

(2) 拉开断路器。

(3) 检查断路器是否在断开位置。

(4) 拉开负荷侧隔离开关。

(5) 拉开电源侧隔离开关。

(6) 切断断路器的操动能源。

(7) 拉开断路器控制回路的熔断器。

(8) 按照工作票的要求实施各项安全措施。

学习心得

第二十八条 低压带电作业安全和变配电站值班人员的安全注意事项

知识培训

1. 低压带电作业安全

低压带电作业应根据要求执行监护制度，作业中必须保证足够的安全距离，而且带电部分只能位于工作人员的一侧。带电作业时间不宜太长，以免检修人员注意力分散而发生事故。带电作业使用的工具应经过检查和试验，检修人员应经过严格训练，能熟练掌握带电作业的技术。

低压带电作业还应注意以下几点：

(1) 应配有验电器；应使用有绝缘柄的工具，并应站在干燥的绝缘物上操作；应穿长袖衣，并戴手套和安全帽；工作时不得使用有金属物的毛刷、毛掸等工具。

(2) 现场有良好的照明条件。

(3) 登高作业应使用登高安全用具。高、低压线同杆架设，在低压线路上工作时，应有人监护；应先检查与高压线的距离，并采取防止误触高压带电部分的措施；在低压带电导线未采取绝缘措施时，检修人员不得穿越。

(4) 上杆前应分清相线、工作零线等，应选好工作位置。

(5) 在带电的低压配电装置上工作时，应采取防止相间短路和单相接地的隔离措施。

(6) 断开导线时，应先断开相线后断开工作零线；搭接导线时，顺序相反。一般不得带负荷断开或接通导线。

(7) 人体不得同时接触两条导线或两个线头。

(8) 雷电、雨、雪、大雾、5级以上大风天气一般不进行户外带电作业。

2. 变、配电站安全防护

（1）变压器室、配电装置室、电容器室等应有防止雨、雪和小动物从采光窗、通风窗、门、电缆沟等进入屋内的设施。

（2）变、配电站的电缆沟和电缆室应有防水、排水措施。当变、配电站设置在地下室时，其进出地下室的电缆口必须采取有效的防水措施。

（3）干式变压器室、配电装置室、控制室、电容器室设置在地下高潮湿场所时，宜设置吸湿机或在装置内加装去湿电加热器；地下室内应有排水设施。

（4）变压器室、电容器室、配电装置室、控制室内不应有与其无关的管道、明敷线路通过。

3. 变、配电站电气设备的正常运行

保持电气设备正常运行包括观察电流、电压、功率因数、油量、油色、温度指示、接点状态等是否正常；观察设备和线路有无损坏、是否严重脏污以及观察门窗、围栏等辅助设施是否完好；听声音是否正常，注意有无放电声等异常声响；闻有无焦煳味及其他异常气味。

配电装置室内裸导体上方灯具的水平投影与裸导体的净距应大于1 m。灯具不应采用软线吊装或吊链吊装。

4. 变、配电站值班人员的工作职责

凡有人值班的变、配电站都是安全要求较高的变、配电站，值班人员对变、配电站及其内装备的各种电气设备的安全运行负有重要的责任，应熟悉电气设备配置、性能和电气接线。单人值班不得单独从事检修工作，单独值班人员应有实际工作经验。

工矿企业变、配电站值班长由技术比较全面、技术级别较高而且熟悉该站设备和接线的人员担任。值班长的岗位职责是负责变、配电站的安全、运行和维护工作，包括：

(1) 接受并执行调度命令，审查操作票，带领值班人员正确、迅速地完成倒闸操作。

(2) 受理和审查工作票，带领值班人员完成各项相关的安全措施，并参加检修的验收工作，发出允许运行的指令。

(3) 负责管辖范围内的巡视检查，发现问题及时处理。

(4) 组织、指挥当班内的事故处理，并负责各项安全措施。

(5) 审查本职记录，负责交接班工作。

(6) 在保证设备安全运行的前提下，组织运行管理、电气维修、安全教育和业务培训工作。

规章制度

工矿企业变、配电站值班员也应熟悉该站设备和接线，其岗位职责是配合值班长做好设备的安全、运行和维护等工作，包括巡视检查、完成倒闸操作、完成检修安全技术措施、维护安全用具、做好各项记录等工作。值班长不在时，代理值班长完成各项业务和技术工作等。

变、配电站值班人员在巡视检查中应当注意以下问题以保证自身安全：

(1) 巡视人员不得越过警界线或遮栏，更不得移开遮栏，应与带电体保持足够的安全距离。对于 10 kV 的设备，人体与带电体的距离无遮栏时不得小于 0.7 m，有遮栏时不得小于 0.35 m。

(2) 如发现故障接地点，巡视人员离故障接地点的距离室外不得小于 8 m，室内不得小于 4 m；否则，应当穿绝缘靴，以防止产生跨步电压，并应派人看守现场。

（3）雷雨天气巡视应远离接地装置，并穿绝缘靴。

（4）触摸电气设备金属外壳或金属构架时应戴绝缘手套。

（5）巡视线路时，不论线路是否有电均应视为带电，并应沿上风侧行走。

（6）离开配电室等房间或间隔时应随手关门，以防小动物进入。

（7）巡视中发现问题应做记录并及时汇报，一般不单独处理。

学习心得

第二十九条 电气灭火的安全注意事项

知识培训

火灾发生后，电气设备和电气线路可能是带电的，如不注意，就会引起触电事故。根据现场条件，可以断电的应断电灭火；无法断电的则带电灭火。灭火时应注意防止火焰蔓延扩大火灾范围，注意防止发生爆炸。

1. 断电灭火安全要求

当扑救人员的身体或所使用的消防器材接触或接近带电部位，或在冷却和灭火过程中直流水柱、喷射出的泡沫等射至带电部位，电流通过水或泡沫导入射手身体，或电线落地短路在跑泄电流地区形成跨步电压时，容易发生触电事故。

为了防止在扑救火灾过程中发生触电事故，首先禁止无关人员进入着火现场，特别是对于有电线落地已形成了跨步电压或接触电压的场所，一定要划分出危险区域，并设有明显的标志和专人看管，以防误入而伤人。同时，要与生产调度、电工技术人员合作，在允许断电时要尽快设法切断电源，为扑救火灾创造安全的环境。

发现起火后，首先要设法切断电源。切断电源应注意以下几点：

（1）火灾发生后，由于受潮和烟熏，开关设备绝缘能力降低，因此，拉闸时最好用绝缘工具操作。

（2）高压处应先操作断路器后操作隔离开关；低压处应先操作电磁启动器或低压断路器后操作刀开关。

（3）切断电源的范围应选择适当，防止切断电源后影响灭火工作。

（4）剪断电线时，不同相的电线应在不同的部位剪断，以免造成短路；剪断空中的电线时，剪断位置应选择在电源方向的支持物附近，以防止电线断落下来造成接地短路和触电事故。

2. 带电灭火安全要求

带电灭火须注意以下几点：

（1）按灭火剂的种类选择适当的灭火器。二氧化碳灭火器、干粉灭火器可用于带电灭火；泡沫灭火器的灭火剂有一定的导电性，而且对电气设备的绝缘有影响，不宜用于电气灭火。

（2）人体与带电体之间保持必要的安全距离。用水灭火时，水枪喷嘴至带电体的距离：电压10 kV及以下者应不小于3 m，电压220 kV及以上者应不小于5 m。用二氧化碳等有不导电灭火剂的灭火器灭火时，机体、喷嘴至带电体的最小距离：电压10 kV者应不小于0. 4 m，电压35 kV者应不小于0. 6 m。

（3）对架空线路等空中设备进行灭火时，人体位置与带电体之间的仰角不应超过45°。

（4）如有带电导线断落地面，应在周围画警戒圈，防止可能的跨步电压造成电击。

一般来说，电气起火，不可用水扑救，也不可用潮湿的物品捂盖。水是导体，这样做会发生触电。正确的方法是先切断电源，然后再灭火。

3. 充油电气设备灭火

充油电气设备的油，闪点多在130～140℃之间，有较大的危险性。如果只在设备外部起火，可用二氧化碳、干粉灭火器带电灭火。如火势较大，应切断电源，并可用水灭火。如油箱破坏，喷油燃烧，火势很大时，除切断电源外，有事故储油坑的应设法将油放进储油坑，坑内和地面上的油火可用泡沫扑灭；要防止燃烧着的油流入电缆沟而顺沟蔓延，电缆沟内的油火用泡沫覆盖扑灭。

发电机和电动机等旋转电机起火时，为防止轴和轴承变形，可令其慢慢转动，用喷雾水灭火，并使其均匀冷却；也可用二氧化碳或蒸气灭火，但不宜用干粉、砂子或泥土灭火，以免损伤电气设备的绝缘。

标准操作

火灾事故现场里的人们最容易随流而动，也可称为聚集性或从众性，从而引起更多的人的聚集，发生混乱，因此必须进行有组织的疏散。

1. 口头疏散引导

火灾中，人们急于逃生，可能一起拥向有明显标志的出口，造成拥挤混乱。此时，工作人员要设法引导疏散，为人们指明各种疏散通道。同时要用镇定的语气呼喊，劝说人们消除临险产生的恐慌心理，稳定情绪，坚定信心，积极配合，按指定路线有条不紊地安全疏散。

2. 广播引导疏散

通过广播引导人员疏散，在疏散中起着重要作用。事故广播小组在接到发生火灾的信号后，要立即启动事故广播系统，将指挥员的命令、火灾情况、疏散情况等由控制中心发出，引导人们疏散。

3. 强行疏导疏散

如果火势较大，直接威胁人员安全，影响疏散时，工作人员及到达火场的义务消防队员，可利用各种灭火器材及水枪全力堵截火势，掩护被困人员疏散。由于惊慌混乱而造成疏散通路和出入口堵塞时，要组织疏导，向外拖拉。有人摔倒时，还要设法阻止人流，迅速扶起摔倒的人员，以及采取必要的手段强制疏导，防止出现伤亡事故。安全疏散时一定要维持秩序，注意防止互相拥挤，要帮助行动不便的老、弱、病、残者一道撤离火场。

在疏散通道的拐弯、岔道等容易走错方向的地方，应设立“哨位”指示方向，防止被困人员误入死胡同或进入危险区域。

学习心得

第三十条 触电事故应急救护

操作标准

1. 触电事故急救

触电急救的基本原则是动作迅速、方法正确。有资料指出，从触电后 1 min 开始救治者，90%有良好效果；从触电后 6 min 开始救治者，10%有良好效果；而从触电后 12 min 开始救治者，救活的可能性很小。发现触电事故，应在对病人进行急救的同时，等待专业救护人员。

（1）脱离电源。发现有人触电后，应立即关闭开关、切断电源。同时，用木棒、腰带、橡胶制品等绝缘物品挑开触电者身上的带电物体。立即拨打报警求助电话。需防止触电者脱离电源后可能的摔伤，特别是当触电者在高处的情况下，应考虑采取防摔措施。

（2）解开妨碍触电者呼吸的紧身衣服，检查触电者的口腔，清理口腔黏液，如有假牙，则应取下。

（3）立即就地抢救。当触电者脱离电源后，应根据触电者的具体情况，迅速对症救护。现场应用的主要救护方法是人工呼吸法和胸外心脏按压法。应当注意，急救要尽快进行，不能等候医生的到来，在送往医院的途中，也不能中止急救。如有电烧伤的伤口，应包扎后到医院就诊。

2. 电烧伤事故急救

（1）立即用自来水冲洗或浸泡烧伤部位 10～20 min，也可使用冷敷方法。冲洗或浸泡后尽快脱去或剪去着火的衣服或被热液浸渍的衣服。

（2）轻度烧伤处，用清水冲洗后搌干，局部涂烫伤膏，无须包扎。面积较大的烧伤创面可用干净的纱布、被单、衣服覆盖。

(3) 发生窒息，应尽快解除束缚，如果呼吸停止，立即进行心肺复苏。

(4) 密切观察伤员有无进展性呼吸困难，并及时护送到医院进一步诊断治疗。

在进行电烧伤急救操作过程中，一定要注意以下几点：

(1) 尽量不挑破水疱。较大的水疱可用缝衣针经火烧烤几秒钟或用75%酒精消毒后刺破水疱，放出疱液，但切忌剪除表皮。如在寒冷季节应注意保暖。

(2) 烧伤创面上切不可使用药水或药膏等涂抹，以免掩盖烧伤程度。

(3) 千万不要给口渴伤员喝白开水。

3. 口对口人工呼吸急救要领

(1) 将患者置于仰卧位，施救者站在患者右侧，将患者颈部伸直，右手向上托患者的下颌，使患者的头部后仰。这样，患者的气管能充分伸直，有利于人工呼吸。

(2) 清理患者口腔，包括痰液、呕吐物及异物等。

(3) 用身边现有的清洁布质材料，如手绢、小毛巾等盖在患者嘴上，防止传染病传播。

(4) 左手捏住患者鼻孔（防止漏气），右手轻压患者下颌，把口腔打开。

(5) 施救者自己先深吸一口气，用自己的口唇把患者的口唇包住，向患者嘴里吹气。吹气要均匀，要长一点儿（像平时长出一口气一样），但不要用力过猛。吹气的同时用眼角观察患者的胸部，如看到患者的胸部膨起，表明气体吹进了患者的肺脏，吹气的力度合适；如果看不到患者胸部膨起，说明吹气力度不够，应适当加强。吹气后待患者膨起的胸部自然回落后，再深吸一口气重复吹气，反复进行。

（6）对一岁以下婴儿进行抢救时，施救者要用自己的嘴把孩子的嘴和鼻子全部都包住进行人工呼吸。对婴幼儿和儿童施救时，吹气力度要减小。

（7）每分钟吹气10～12次。

4. 胸外心脏按压法的基本要领

胸外心脏按压法基本要领如图30—1所示。

（1）使伤员仰卧在比较坚实的地面或地板上，解开衣服，清除口内异物，然后进行急救。

（2）救护人员蹲跪在伤员腰部一侧，或跨腰跪在其腰部，两手相叠，如图30—1a所示。将掌根部放在被救护者胸骨下1/3的部位，即把中指尖放在其颈部凹陷的下边缘，手掌的根部就是正确的压点，如图30—1b所示。

（3）救护人员两臂肘部伸直，掌根略带冲击地用力垂直下

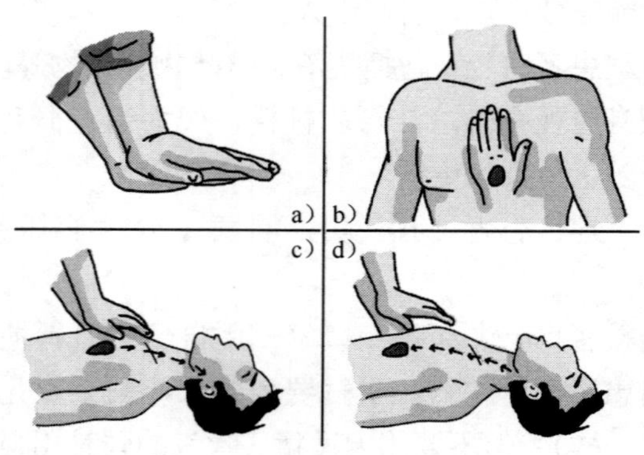

图30—1　胸外心脏按压法基本要领

压，压陷深度为 3～5 cm，如图 30—1c 所示。成人每秒钟按压一次，太快和太慢效果都不好。

(4) 按压后，掌根迅速全部放松，让伤员胸部自动复原。放松时掌根不必完全离开胸部，如图 30—1d 所示。按以上步骤连续不断地进行操作，每秒钟一次。按压时定位必须准确，压力要适当，不可用力过大过猛，以免挤压出胃中的食物，堵塞气管，影响呼吸，或造成肋骨折断、气血胸和内脏损伤等。也不能用力过小，而起不到按压的作用。

如果伤员呼吸和心跳均已停止，应同时进行口对口（鼻）人工呼吸和胸外心脏按压。如果现场仅有 1 人救护，两种方法应交替进行，每次吹气 2～3 次，再按压 10～15 次。进行人工呼吸和胸外心脏按压（人工氧合）急救，在救护人员体力允许的情况下，应连续进行，尽量不要停止，直到伤员恢复呼吸与脉搏跳动，或有专业急救人员到达现场。

学习心得